QUÂNTICA
&Consciência

```
CIP-BRASIL. CATALOGAÇÃO NA PUBLICAÇÃO
SINDICATO NACIONAL DOS EDITORES DE LIVROS, RJ
```

L699q   Lima, Moacir Costa de Araújo
           Quântica e consciência : o grande encontro, um passeio pelas ideias da Física / Moacir Costa de Araújo Lima. – 5. ed. – Porto Alegre [RS] : AGE, 2025.
           208 p. : il. ; 14x21 cm.

           ISBN 978-85-8343-412-2

           1. Ciência e espiritismo. 2. Física quântica. I. Título.

    18-53043   CDD: 133.9
                               CDU: 133.9

Meri Gleice Rodrigues de Souza – Bibliotecária CRB-7/6439

MOACIR
Costa de Araújo Lima

QUÂNTICA
& Consciência
o grande encontro

5.ª edição

Um passeio pelas
ideias da Física

Editora AGE

PORTO ALEGRE, 2025

© Moacir Costa de Araújo Lima, 2018

Capa:
Nathalia Real

Diagramação:
Marcelo Ledur

Supervisão editorial:
Paulo Flávio Ledur

Editoração eletrônica:
Ledur Serviços Editoriais Ltda.

Reservados todos os direitos de publicação à
LEDUR SERVIÇOS EDITORIAIS LTDA.
editoraage@editoraage.com.br
Rua Valparaíso, 285 – Bairro Jardim Botânico
90690-300 – Porto Alegre, RS, Brasil
Fone: (51) 3223-9385 | Whats: (51) 99151-0311
vendas@editoraage.com.br
www.editoraage.com.br

Impresso no Brasil / Printed in Brazil

Meu filho Andrei:
Este livro é uma homenagem a ti.
Foste seu idealizador, incentivador e cobrador.
Espero merecer o apoio recebido de um filho tão amigo que é capaz de funcionar, muitas e muitas vezes, como um orientador de seu pai.
Obrigado pela confiança e pela paciência.

A minhas queridas Lucia Helena e Priscila, todo o meu amor e um carinhoso abraço, além do espaço e do tempo, de alma para alma.

SUMÁRIO

Introdução 9

Parte I — A Física no dia a dia 13

O banho mais proveitoso para a humanidade 15
Da banheira vamos para o trânsito 21
Ainda no trânsito – A Lei da Inércia e o cinto.
  Empurrar por dentro? 27
O giro dos corpos 33
No fogão e na geladeira 36
Choque elétrico na banheira? 40
Algumas expressões equivocadas 41
Ainda sobre o calor 44
Uma pergunta sobre o som 46
A base mecanicista: as três Leis de Newton 49

Parte II — Os desafios do novo 57

Parte III — Partículas fundamentais e a indivisibilidade 61

Parte IV — Relatividade 71

O Campo Gravitacional 73
De Newton ao molusco de Einstein 75
A carta de 1905 – Uma amostra do universo do Dr. Einstein ... 81
Algumas ideias – Deus? 87
A Relatividade Geral – Espaço e tempo não fixos 93
A simultaneidade relativizada – espaço e tempo flexíveis ... 96
Um encontro fantástico 105

PARTE V — **A Quântica** 109

Ciência e Consciência.. 111
O livre-arbítrio no novo paradigma – Alguns enigmas 119
Uma nova viagem... 123
Helena escrevendo no novo Universo.. 134
Novas experiências com Quantalice... 148
Helena de volta – Questionamentos – Universo em expansão 155
A janta, a manhã seguinte e um novo artigo: buracos negros 168
A nova viagem.. 187
Uma grande surpresa... 197
A dissertação 203

Referências 208

INTRODUÇÃO

Vamos examinar a Física como uma aventura do pensamento, provavelmente a maior e mais profícua das aventuras do ser humano.

Muitos de nós, no ensino médio, tivemos a falsa impressão de que essa ciência se resumia a um conjunto de fórmulas a serem memorizadas com grande dificuldade e, muitas vezes, de modo aborrecido.

Não diremos, porque seria um erro, que as fórmulas, a matemática que elas expressam, são desimportantes. Pelo contrário, a matemática é a linguagem natural da ciência física, mas, embora na física avançada, a matemática – esse prodígio do pensamento humano – possibilite, até mesmo, a previsão de partículas, antes de serem detectadas, o mundo que a Física nos descreve e a Filosofia que essa descrição enseja, estão ao alcance de quem queira pensar e desenvolver a capacidade de maravilhar-se, sem ser necessariamente um *expert*. É suficiente ser curioso e pensante.

A ciência nos descreve o universo em que vivemos e de que somos, na moderna visão, coconstrutores. Nós acreditamos na ciência e adotamos um modo de viver, de pensar, de sentir compatível com o todo que nos é descrito, pois não somos entidades apartadas desse todo.

Nosso pensar sobre o cosmos se amplia na medida em que o vamos compreendendo.

Assim, passamos de uma fase em que acreditávamos que tudo acontecia em função de forças, para um entendimento diferente, que aponta para a sinergia, a partir de analogias com o conhecimento dos campos.

O Universo de conhecimentos da Física começa no átomo de Demócrito, segundo Feynman, considerado o maior físico da segunda metade do século XX, uma ideia que seria eleita para permanecer no caso de termos, no desaparecimento suposto de todos os grandes pensamentos científicos, que escolher um para remanescer e chega hoje aos desafiadores e até mesmo misteriosos fenômenos da Relatividade e da Física Quântica.

Discutiremos o pensamento de Demócrito e seus pares em capítulos posteriores.

Mas, sem a intenção de adotar uma linearidade rígida, vamos começar examinando alguns conceitos da Física clássica, algumas descobertas que impactam profundamente nosso dia a dia e a faísca do gênio, nunca fruto de casualidade em diversas manifestações.

A ciência se faz da dúvida. É filha da incerteza e irmã da curiosidade.

Ao defender uma hipótese, o cientista busca afanosamente a contraprova, e não apenas a corroboração. Cultiva a dúvida e não a fé cega. Jamais se pretende detentor de todo o conhecimento.

Por isso a ciência exige muitas vezes – e voltaremos com frequência a essa constatação – o abandono de crenças antigas, mesmo que frequentemente fundadas sobre o senso-comum.

A matéria perdeu sua substancialidade, e a matemática é a linguagem própria da ciência, mas essa mesma ciência não prescinde da intuição.

Quanto à matemática, podemos verificar um caminho extraordinário.

Sabemos todos ser a matemática uma ciência formal. Isso equivale a dizer que não tem objeto próprio, no sentido material. Por isso, ninguém jamais viu – e muito menos pegou – um número.

E várias partículas foram previstas e, mais tarde detectadas, por meio do desenvolvimento e do exame de equações matemáticas.

Vejam um paradoxo extraordinário: o abstrato encontra o abstrato e colapsa-o no concreto. Foi assim com o antielétron de Dirac, com o Bóson de Higgs e com a Teoria das Cordas.

Durante muito tempo entendeu-se que a Terra era plana. Era muito difícil para a grande massa – e até hoje o é para muitos – imaginar que no momento em que estamos lendo este livro, se nos pusermos de pé, haverá alguém em nosso mundo com os pés voltados exatamente contra os nossos. Um nosso antípoda. Difícil imaginá-lo, desde onde estamos, sem pensar que ele estaria de cabeça para baixo.

Pensava-se num universo pequeno e imóvel, mais tarde, grande e ainda imóvel, até chegarmos ao Universo em expansão, fato de que o próprio Einstein duvidou por muito tempo.

Não era fácil imaginar a Terra girando, sem sentirmos os efeitos desse giro, numa velocidade tangencial maior do que a de qualquer carrossel e, de sobra, deslocando-se a uma velocidade fantástica em torno do Sol. Inexistem dúvidas, hoje, a respeito desses fatos.

Vamos concordar. É fantástico! Mas, há muito mais.

Esse mesmo tipo de dificuldade vamos encontrar para entender que espaço e tempo não são fixos e podem ser, praticamente, coisificados. A herança newtoniana, dominante por séculos, nos dificulta a compreensão de que, por exemplo, não existe um agora universal, nem um presente instantâneo. Mas isso fica para o capítulo do tempo.

A alma da ciência é a mudança e a incerteza torna a vida preciosa, em oposição à ideia de uma causalidade rígida que nos impunha, no terreno filosófico, um destino fixo e imutável.

A incerteza leva os cientistas a examinarem as coisas como elas são e não como gostaríamos que fossem, em função de algum benefício a nos ser trazido, como se o Universo fosse planejado para nós. O que deveria ser não é ponto de discussão científica em relação ao Universo.

Como devemos ser, em função de nosso agir, é ponto nodal da Filosofia. É o estudo da ética.

Platão usava algumas vezes o argumento da utilidade, da finalidade, para justificar fatos da ciência, o que não faz sentido.

Discutindo a esfericidade da Terra, Platão entendia um caminho único para justificá-la e perguntava: "Que utilidade existe na redondeza da Terra?"

Segundo pensava o filósofo, as coisas só existem, só foram criadas para terem utilidade. Pergunto: utilidade para quem? Na verdade, entendendo as leis se entende o porquê.

Se não, teremos de enfrentar a ironia fina e incomparável de Voltaire, passando de um mundo perfeito para o melhor dos mundos possíveis, vendo, na história de Cândido, o otimista, esse "melhor" tornar-se cada vez pior.

Mas vamos examinar os fatos descritos pela Física clássica, explicadores de muitos eventos de nosso cotidiano.

PARTE I
A FÍSICA NO DIA A DIA

O BANHO MAIS PROVEITOSO PARA A HUMANIDADE

Arquimedes, 287 – 212 AC, nasceu e viveu a maior parte de sua vida em Siracusa, cidade situada a sudeste da Sicília e que era, àquele tempo, brilhante centro da cultura grega.

Matemático e físico, fez muitos estudos a respeito do uso de alavancas para movimentar objetos pesados.

As técnicas de chave de braço ou de perna, usadas no judô e em outras artes marciais, utilizam o princípio das alavancas.

Se um corpo pode girar em torno de um ponto fixo ou de um eixo, quanto mais longe desse eixo aplicarmos uma força motora, mais facilidade teremos de fazer o corpo girar.

Por exemplo: se colocarmos um tijolo na palma de uma das mãos, teremos mais dificuldade em suportar seu peso com o braço totalmente esticado do que se apoiarmos o cotovelo contra nosso corpo. No caso do braço esticado, a tendência do peso do tijolo é fazer o braço girar para baixo, em torno do ombro. Se apoiarmos o cotovelo no corpo, é em torno do cotovelo que o braço tende a girar pela ação do peso do tijolo. No primeiro caso, a distância da força, peso do tijolo, ao eixo de rotação é maior do que no segundo. Daí a tendência de o giro – momento da força – ser maior.

Se temos uma porta apenas encostada e queremos abri-la, precisamos fazê-la girar em torno de um eixo vertical, onde estão colocadas as dobradiças. Se tentarmos empurrá-la perto desse eixo, precisaremos usar bastante força para fazê-la girar. Se, no entanto, aplicarmos a ação longe do eixo, onde está normalmente o trinco, ela vai girar mais facilmente, ou seja, com a aplicação de menos força.

Se usarmos uma chave de roda para soltar as porcas do pneu de um carro, quanto mais longos forem os braços da chave – mais longe do eixo de giro das porcas estaremos aplicando a força – com menos esforço conseguiremos soltar a roda.

Tudo isso se deve a Arquimedes.

Esse pensador se entusiasmou tanto com seus estudos e experiências que, segundo lenda ou verdade descrita por vários autores, chegou a afirmar: "Deem-me um ponto de apoio para minha alavanca, e movimentarei com ela o Universo".

Referia-se, claro, ao planeta Terra, e o exagero é evidente.

Na matemática, criou uma espiral que leva seu nome. Como obra de engenharia, inventou uma máquina para bombear água já utilizada para irrigar plantações.

Também, estabelecendo a relação entre o raio de uma circunferência e seu comprimento, chegou ao número irracional π, 3,14...

Com o objetivo de sempre provocar reflexões paralelas, que podem ensejar diferentes formas de ver a realidade, perguntamos: Qual a expressão mais apropriada: dizer que Arquimedes descobriu ou criou o número π?

Se descobriu, o número já existia em algum lugar, mundo, ou universo, esperando ser captado. Isso lembra Platão com o mundo das ideias e remete a alguns lógicos matemáticos que entendem que a ideia de número – lembremos que número é uma criação, ou descoberta da mente humana e não possui concretude –, mesmo que, por um acidente de percurso, a humanidade não tivesse adquirido a capacidade de abstrair, existiria em algum plano, mundo ou região, esperando ser captada.

Se Arquimedes criou o número π (pi), realizou, ao fazê-lo, uma obra de criação de uso indispensável na matemática.

Mas, importante mesmo, foi seu banho de imersão.

Como foi?

O rei Hierôn havia entregue a um artesão um bloco de ouro, puro, naturalmente, para que esse confeccionasse sua coroa.

Dentro do prazo estabelecido, o artesão entregou a encomenda, que, levada à balança, apresentava a mesma massa do bloco que lhe fora entregue.

Até aí, tudo era alegria, tudo na santa paz.

Entretanto, começaram a surgir boatos segundo os quais o artesão teria misturado outro metal, provavelmente prata, com o material da coroa. Teria, por exemplo, tirado 200g de ouro do bloco e substituído, no processo de fusão, por 200g de prata. Daí a balança nada indicaria.

Havia a possibilidade, até porque para fazer a coroa era preciso fundir o metal e a prata, assim como o cobre liga muito bem com o ouro.

Sabemos que as joias não são confeccionadas com ouro puro, por ser este um metal muito maleável e que facilmente se deforma.

Daí falar-se em ouro 18. O número indica a proporção de ouro puro, em relação ao número 24. Diz-se ouro de 18 quilates de um anel, por exemplo, que contém 18 partes de ouro sobre 24 de seu total, quer dizer que há 6 partes de outro metal, normalmente cobre. Assim, um anel de ouro 18, que tenha 20g, terá 15g de ouro (18/24 =3/4) e 5g de cobre.

Como descobrir, então, no caso da coroa, uma vez que o teste da balança não era definitivo, se havia ou não mistura com outro metal?

Hierôn. chamou Arquimedes e encarregou-o de resolver o problema. E que problema, principalmente para Arquimedes!

Claro, era proibido, para fins de qualquer teste, danificar a coroa, o que impedia o teste de fundi-la, que, uma vez que cada metal apresenta um ponto de fusão (derrete) a uma dada temperatura, a fusão da coroa mostraria se o derretimento ocorreria de modo contínuo, sempre à mesma temperatura, ou derreter-se-ia uma parte, a outra permaneceria sólida e só depois de alguns instantes entraria em fusão.

Mas isso não podia ser feito.

E então, Arquimedes, qual a solução?

Por bastante tempo Arquimedes pensou no problema e não lhe vinha à mente uma possível solução. Mas, a busca por ela continuava.

Passando um dia pelos banhos de Siracusa, Arquimedes resolveu tomar um banho de imersão para descansar.

Ao entrar na banheira, cheia até a borda, verificou que essa transbordava. Colocava uma perna e transbordava um certo volume de água; as duas pernas, outro volume; o corpo inteiro, outro volume. Imediatamente percebeu a solução do problema que o angustiava, e muito.

Saiu para a rua, segundo alguns narradores, pelado, aos gritos de *heureca, heureca*, eu descobri, eu descobri.

Como?

Arquimedes pensou: o volume de água que sai da banheira corresponde ao volume da parte de meu corpo que está mergulhada nela. Mas a massa de água é diferente da massa da parte do corpo que ocupou o lugar do líquido.

Então, massas iguais de materiais diferentes, à mesma temperatura, ocuparão volumes diferentes.

Estava criado o conceito de massa específica e resolvido o problema.

Massas iguais, digamos, por exemplo, 1kg de materiais diferentes, à mesma temperatura, possuirão volumes diferentes.

Então, bastaria pedir ao rei a coroa emprestada e uma massa igual de ouro insuspeito, puro.

Se, vamos supor que a massa fosse de 1kg, esse kg de ouro tivesse o mesmo volume da coroa, não teria havido safadeza – alguns preferem chamar espertreza – do artesão.

Mas, como calcular o volume da coroa e do bloco de ouro de mesma massa?

O bloco poderia ter a forma de um sólido geométrico definido, e então a fórmula da geometria espacial resolveria o problema. Mas como determinar o volume da coroa?

Simples, para Arquimedes, depois do banho interrompido e desnecessária qualquer fórmula, mesmo para o bloco.

Basta encher completamente um reservatório com água e colocar nele, lentamente, a coroa. Retirar a coroa e verificar, enchendo novamente o reservatório, quanta água saiu. É o volume da coroa. Mesmo procedimento para o bloco.

Segundo a maioria dos autores, alguns da área da Física e, outros, historiadores, foi confirmada a honestidade do artesão.

Na continuidade de seus estudos, Arquimedes enunciou seu famoso princípio, que afirma: todo corpo, parcial ou totalmente imerso num líquido, recebe uma força vertical, de baixo para cima, chamada empuxo, de valor igual ao do peso do volume deslocado.

Para boiar, movimentamos levemente os braços e boiamos com mais facilidade na água do mar do que na água de um rio, não turvo, ou de uma piscina. Por quê?

Ficamos flutuando, quer dizer, em equilíbrio, no seio de um líquido, sem imergir nem emergir, a partir do momento em que o peso de líquido deslocado iguala o nosso. Como a água do mar é mais densa, precisa menos volume dela do que da água do rio para equilibrar o nosso peso. Esse volume corresponde à parte submersa do corpo que será menor na água salgada. O movimento de mãos que fazemos para boiar aumenta o volume de líquido deslocado. Quanto maior o volume de líquido deslocado, maior a força que recebemos, de baixo para cima, menor a parte que fica submersa.

Um navio, ao passar da água do mar para a água de um rio ou lagoa, aumenta a parte submersa, pois precisa mais volume de água doce, que é menos densa, do que de água salgada, para empatar com o peso do navio.

Já repararam que um navio com toneladas de massa flutua e que um levíssimo grão de areia afunda?

Pois o grão de areia desloca um volume de água que pesa menos do que ele, enquanto o navio, em posição de flutuação, parcialmente submerso, desloca, por meio do volume ocupado pela parte imersa, uma quantidade de água de peso igual ao seu.

Importante lembrar: muitos tomaram banho de imersão antes de Arquimedes. Só ele teve a inspiração para descobrir uma nova lei física.

Acaso? Não! Foco! Sorte? Não! Pesquisa, treino da mente.

O que chamamos acaso, sorte, no caso dos vencedores não lotéricos, é dedicação.

Michael Jordan, possivelmente o maior jogador de basquete de todos os tempos, ao ser questionado sobre ser um homem de sorte, costumava responder aos entrevistadores: "Quanto mais eu treino, mais sorte eu tenho".

Voltando a Arquimedes, seu princípio é aplicado aos fluidos em geral, líquidos e gases.

Os dirigíveis, Zepelins, eram inflados com gás mais leve do que o ar, de modo que o peso do volume de ar deslocado ficava maior do que o peso do dirigível quando pretendiam subir e igual a esse quando desejavam manter a altitude.

Os balões seguem o mesmo princípio.

DA BANHEIRA VAMOS PARA O TRÂNSITO

Que tal pensarmos a Física do nosso trânsito e o perigo das ultrapassagens? E o cinto de segurança? Newton explica.

De Newton, esse gigante do pensamento, trataremos mais tarde, ao estabelecer o paradigma mecanicista e sua substituição, ou, como melhor se diria em termos de paradigmas científicos, sua mudança e ampliação.

Segundo Einstein, em que pese ter demonstrado equívocos na concepção newtoniana da gravitação, Newton teria realizado a mais importante obra de Física de que se tinha conhecimento.

Interessante a modéstia, a simplicidade, presente nos verdadeiros buscadores da verdade, nos seres de pensamento superior.

Einstein contraria, e com razão, vários princípios da Mecânica Clássica – o que será demonstrado adiante –, mas reconhece o gênio de Newton, que, inclusive, ao mesmo tempo que o matemático alemão Gottfried Leibniz, por caminho diferente, criou a mais importante ferramenta da matemática: o cálculo diferencial e integral.

Newton, multicriador no ramo da Física e da matemática, costumava dizer: "Se cheguei até aqui foi porque me apoiei nos ombros de gigantes".

Vamos, então ao estudo, que vale muitas vezes como alerta, das aplicações da Mecânica Newtoniana no trânsito.

Para facilitar alguns raciocínios usaremos números que ensejam cálculos muito fáceis nos exemplos. Lembrando, para começar, que uma velocidade de 36km/h corresponde a 10m/s, então, um carro a 72km/h percorre 20m em cada segundo.

Por isso, mesmo em velocidades baixas – 72km/h em circunstâncias normais de tráfego não é uma velocidade considerada alta –, um carro percorre 20m em cada segundo, o que significa que em meio segundo de desatenção o carro a 72km/h percorre 10m. Se quisermos pensar no carro a 108km/h, teremos, em meio segundo apenas, um percurso de 30m. Nessas condições, o preço de meio segundo de distração pode ser o de várias vidas.

Essa e outras tantas informações essenciais da Física nos ajudam a viver mais e melhor. E, por enquanto, estamos no elementar terreno da materialidade das coisas.

Bem, o velocímetro de nossos carros marca a velocidade em km/h. Se quisermos transformar em m/s, para saber quantos metros o carro está a percorrer em cada segundo, basta dividir o valor marcado no velocímetro por 3,6.

Vamos agora a outro conceito importante, a saber, o de velocidade relativa.

Se dois corpos, A e B, estão em movimento, definimos velocidade de A, em relação a B, como a diferença entre o vetor velocidade de A e o vetor velocidade de B.

Exemplificando: Imaginemos uma chuva caindo na direção vertical. Se permanecermos parados, ela será vertical para nós e deveremos segurar verticalmente o guarda-chuva. Mas ao nos movimentarmos, deveremos inclinar o guarda-chuva para a frente, pois a velocidade da chuva em relação a nós será inclinada, quer dizer, para nós a chuva não terá uma velocidade vertical.

No carro em movimento, isso é observado com maior facilidade. Quanto maior a velocidade com que nos deslocarmos na chuva, mais ela será inclinada em relação ao para-brisa, batendo seus pingos, praticamente de frente, de chapa, com ele. Daí porque correr quando há granizo aumenta o risco de quebra do vidro por impacto. A solução é procurar um abrigo em velocidade baixa, embora nossa vontade seja de correr.

A inclinação e o valor numérico da velocidade de impacto dependem de um cálculo vetorial, que não é de nosso propósito examinar aqui.

Como é importante conhecer as leis que regem os fenômenos físicos que nos acompanham diuturnamente. Esse conhecimento nos livra de perigos, torna nossa vida melhor, evita desastres.

E quanto às leis que regulam os fenômenos psicológicos, ligados às nossas emoções e vivências de sentimentos? Seu desconhecimento também pode levar a desastres. Todo conhecimento liberta.

Mas, retomando a velocidade relativa e a importância de seu conhecimento, vamos a um caso mais geral, extremamente recorrente, presente em todos os nossos deslocamentos veiculares, importante e simples. Vamos imaginar movimentos na mesma direção. Simplificando, pensemos em dois carros que se movem numa mesma estrada.

Aí, para estabelecermos a velocidade de um em relação ao outro, basta calcular a diferença entre elas, quando os carros se movem no mesmo sentido e a soma quando os movimentos ocorrem em sentidos contrários.

Em matemática, uma direção é uma linha reta. Estamos adaptando para uma estrada. A cada direção dada, correspondem dois sentidos.

Numa direção vertical, um objeto pode estar subindo ou descendo – um elevador, por exemplo. Temos aí os dois sentidos correspondentes à direção vertical, para cima ou para baixo. Numa mesma estrada, consideramos aqui uma direção, que liga a cidade C à cidade D, um carro pode estar se deslocando de C para D, ou de D para C. São os dois sentidos possíveis.

Então vamos ao exemplo que importa. Dois carros estão percorrendo a estrada citada, de C para D. Os dois estão andando no mesmo sentido.

O carro 1 está no km 10 e o 2, no km 100. A velocidade do carro que está mais à frente é de 60km/h, enquanto a velocidade do outro, que está mais atrás, é de 90km/h. Em uma hora, o carro mais atrasado terá se aproximado do outro 30km. Isso é velocidade relativa. Simplesmente efetuamos a subtração das velocidades. Quer dizer, em relação ao carro mais à frente, a velocidade do outro é de 30km/h.

Para fins de impacto, se ocorrer quando 1 encontrar 2, a velocidade correspondente à colisão será de 30km/h, como se o carro da frente estivesse parado e o outro o impactasse com uma velocidade de 30km/h.

Agora vamos imaginar dois carros, numa mesma estrada, viajando em sentidos opostos. Um deles vai de Porto Alegre para Pelotas e o outro de Pelotas para Porto Alegre. Cada um está a 80km/h. Se trafegam em sentidos opostos, mantendo-se nas velocidades, em uma hora terão se aproximado 80 + 80, ou seja, 160km. Quer dizer que a velocidade relativa é de 160km/h. Como se deslocam em sentidos contrários, simplesmente somamos as velocidades. Para todos os fins de cálculo, havendo uma colisão, a velocidade de impacto, que é sempre a velocidade relativa, será de 160km/h.

Daí porque os impactos frontais, geralmente decorrentes de ultrapassagens mal calculadas, são, na maioria das vezes, de gravíssimas consequências.

Há mais um detalhe importante: a energia cinética correspondente à colisão é diretamente proporcional ao quadrado da velocidade relativa, ou de impacto.

Não pare, não se assuste. Vamos explicar.

Dois carros colidem frontalmente com velocidade de impacto de 30km/h. Pode-se calcular a energia de colisão que é responsável pelos danos causados.

Agora imaginemos uma colisão frontal, dos mesmos carros com velocidade relativa de 60km/h.

A velocidade relativa dobrou, certo? Foi multiplicada por 2. Pois a energia será multiplicada por 2 ao quadrado, ou seja, por quatro. E o estrago também.

Quer dizer: um carro tem uma energia de movimento, energia cinética, que é proporcional ao quadrado da velocidade. Para pará-lo, temos que, por meio do uso dos freios, realizar um trabalho mecânico contrário ao movimento, para reduzir a zero a energia cinética.

Então, aqui o problema da proporcionalidade da energia com o quadrado da velocidade.

Para parar um carro a uma certa velocidade, aplicamos os freios, e o carro desliza um certo número de metros, até parar. Considerando o mesmo carro, na mesma estrada, com uma velocidade duas vezes maior, o trabalho para parar será 4 vezes maior. Como o trabalho será a força de atrito multiplicada pela distância, sendo a força de atrito, produzida pela freada, a mesma – pois é o mesmo carro, na mesma estrada –, a distância percorrida até parar será 4 vezes maior.

Resumindo: a distância que um carro percorre até parar, ao ser freado, varia com o quadrado de sua velocidade.

Então: a 30km/h, o carro, após o uso dos freios, percorre, até parar, uma certa distância. O mesmo carro, a 60km/h (dobrou a velocidade), percorrerá, do instante da frenagem até parar, uma distância quatro vezes maior. A 90km/h, velocidade de 30X3, percorrerá uma distância 3 ao quadrado, ou seja, 9 vezes maior.

Esquematicamente:

Velocidade: v   Energia: E   Arrastamento até parar: d
Velocidade: 2v   Energia: 4E   Arrastamento até parar: 4d
Velocidade: 3v   Energia: 9E   Arrastamento até parar: 9d

Retomemos a ultrapassagem para a análise de mais um problema.

Havendo uma colisão frontal, a velocidade de impacto será a soma das velocidades dos veículos no instante da colisão.

Mas há mais um detalhe importante a ser considerado: a velocidade relativa na ultrapassagem.

Alguém está ultrapassando um caminhão de 15m de comprimento.

O caminhão se desloca a 72km/h, que correspondem a 20m/s, e o veículo que realiza a ultrapassagem está a 90km/h, o que equivale a 25m/s. Como estão no mesmo sentido, a velocidade do carro em relação ao caminhão é apenas 5m/s. Em relação ao caminhão em movimento, o carro percorre somente 5m em cada segundo, o que significa dizer que gastará 3s, na pista, ao lado do caminhão em movimento, para ultrapassá-lo. Há ainda o tempo, que vamos desprezar, para sair de seu lado na pista para realizar a ultrapassagem e voltar.

Então, seriam 3s, com acréscimos para ultrapassar o caminhão e retornar o carro a seu lado da pista.

No começo da ultrapassagem, vinha um carro em sentido contrário, a 108km/h, vale dizer, 30m/s. Significa que, durante os 3s em que trafegou ao lado do caminhão para ultrapassá-lo, a distância entre o veículo que realiza a ultrapassagem e o outro que dele se aproxima em sentido contrário, diminuiu 55X3, ou seja, 165m. Terá dado certo?

Depende da distância que havia entre os carros no momento em que a ultrapassagem começou. A velocidade relativa entre eles, como andam em sentido contrário, era de 55m/s: 25+30.

É necessário que se tenha uma boa visão de profundidade e importante saber que as velocidades de aproximação se somam.

Então, preze sua vida e a dos outros. Na dúvida, espere. Siga o velho ditado: "Perca um minuto na vida, mas não perca a vida num minuto".

Considere ainda, para seu bom viver, que há verdadeiros débeis mentais na estrada, que ao serem ultrapassados aumentam a velocidade, o que faz o tempo de ultrapassagem ser maior e a aproximação de um veículo trafegando em sentido contrário, também maior.

Se os outros fazem loucuras, não pense que isso diga respeito a você. O problema é dele. Não adote um problema que não é seu, imitando o comportamento do transgressor. Não vale a pena.

A Física explica o risco, e o bom-senso deve nos impedir de assumi-lo, até por uma questão elementar de custo-benefício. Calculando pelo máximo: Benefício?... Ultrapassar alguém na hora que eu quero... será significativo? Custo: o mais precioso dos bens: a vida.

AINDA NO TRÂNSITO – A LEI DA INÉRCIA E O CINTO. EMPURRAR POR DENTRO?

A Lei da Inércia, uma das leis fundamentais da Mecânica Clássica, estabelece que um corpo parado tem a tendência de permanecer parado, e só entrará em movimento se alguma força externa atuar sobre ele.

Por seu turno, um corpo em movimento permanecerá em movimento com velocidade constante até que alguma força externa modifique essa velocidade.

Temos no primeiro parágrafo a Inércia de Repouso e, no segundo, a Inércia de Movimento.

A modificação ocasionada pela ação de força externa sobre a velocidade, chamada aceleração, pode fazer a velocidade mudar de valor, ou de direção, significando, a última, uma mudança de direção, fazer o movimento se tornar curvilíneo.

Resumindo: na ausência de forças externas, um corpo permanece em repouso, ou com velocidade constante, isto é, em Movimento Retilíneo Uniforme. Move-se em linha reta, sem alterar o valor da velocidade. É claro que, se houver várias forças que se anulem, resultante zero, o efeito é o mesmo que o da ausência de forças.

Então, observemos o seguinte:

Se estamos de pé num ônibus em movimento e esse freia bruscamente, nos sentimos como se fôssemos violentamente empurrados para a frente. Mais brusca a freada, mais intensa é a força que sentimos nos jogar para frente.

Temos aí uma vivência da Lei da Inércia.

Se estamos dentro do ônibus, por exemplo, a 60km/h, o veículo e nós, pela inércia, tendemos a continuar a 60km/h.

Uma força produzida pela aplicação dos freios faz a velocidade do ônibus diminuir, enquanto nós, passageiros, temos a tendência de continuar na mesma velocidade. Então, em relação ao ônibus, nos comportamos como se estivéssemos sendo empurrados para a frente.

Força produz mudança na velocidade. Essa mudança se chama aceleração e é medida pela variação da velocidade em relação ao tempo.

Assim, quanto mais rapidamente variar a velocidade, maior a aceleração, o que implica maior força.

Se a freada é forte, em termos bem objetivos, a redução da velocidade é rápida. Isso significa uma grande aceleração. Considerando o ônibus como nosso referencial, já que contrariamos sua aceleração negativa, dentro dele tudo se passa como se fôssemos empurrados para a frente, com a mesma aceleração e, para não nos movermos, precisaremos nos opor a uma força que é igual ao produto de nossa massa pela aceleração do veículo.

Então, dentro de um sistema em movimento, um carro, um ônibus, um avião, sempre que esse sistema sofrer uma aceleração, como temos a tendência de, uma vez parados, continuarmos parados e, em movimento, mantermos a velocidade constante, sentimos como se sobre nós surgisse uma aceleração em sentido contrário.

É só observar: carro freando, nos sentimos jogados para a frente; carro acelerando, numa arrancada forte, por exemplo, afundamos no encosto do banco.

Por isso, nos aviões, no pouso e na decolagem, quando necessariamente o veículo é acelerado, bem como em zonas de turbulência, devemos manter o cinto de segurança afivelado. E como pode haver uma turbulência não prevista, como uma queda brusca numa região de vácuo, principalmente a baixa altura, é de bom alvitre manter o uso do cinto.

Voltando ao carro. Dentro dele, andamos na sua velocidade, em relação à estrada, e nossa tendência, bem como a do carro, é mantê-la.

Então vamos abusar dos limites legais, coisa rara em nossas estradas, e imaginar que estamos num carro a 120km/h. Sem problema, pelo menos físico, enquanto a situação se mantiver. Mas, se ocorrer uma freada brusca, um impacto, qualquer coisa que faça a velocidade se reduzir rapidamente, o carro irá parar, mas nossa velocidade em relação a ele será de 120km/h e é com velocidade muito próxima a esse valor que seremos jogados contra o para-brisa. Isso se não estivermos usando o cinto de segurança.

Recapitulando, quando um veículo sofre uma aceleração, seus passageiros, bem como objetos em seu interior, se comportam em relação ao veículo como se sofressem uma aceleração em sentido contrário. Quando há um aumento de velocidade, aceleração do veículo para a frente, somos, sempre em relação a ele, acelerados para trás. Veículo acelerado para trás, freando, somos acelerados para frente.

Curva para a direita, em relação ao veículo somos jogados para a esquerda, e vice-versa.

Note-se que o problema não está na velocidade, e sim em sua mudança – aceleração.

Num avião, a 900km/h, em voo em linha reta e horizontal, nos sentimos, se ficarmos de pé no corredor, da mesma forma que nos sentiríamos se o avião estivesse parado. Já num carro a 40km/h, que freia bruscamente, durante o período de frenagem – aceleração – nos sentimos jogados para frente.

A aceleração de um sistema em cujo interior nos encontramos produz, entre outros efeitos, fadiga. Por isso, quanto maior o número de escalas numa viagem aérea, por sofrermos grandes acelerações no pouso e na decolagem, maior será o cansaço.

E, voltando às viagens de automóvel, o mesmo raciocínio, obviamente, vale para o que se encontra no banco traseiro, que, para sua segurança e dos passageiros à sua frente, também deve usar o cinto.

Permanecendo na Física tradicional, vamos examinar mais eventos de nosso dia a dia, envolvendo algumas curiosidades e mesmo algumas coisas que fazemos sem saber por quê, perfeitamente explicadas por ela.

Também podemos falar de algumas expressões equivocadas, algumas delas utilizadas na publicidade.

E vamos nos permitir fazer algumas analogias entre leis físicas e nosso comportamento.

Como estamos observando, enquanto trata de leis mecânicas, envolvendo exclusivamente a materialidade das coisas, a Física nos indica os comportamentos ideais e nos explica fenômenos na área das ações materiais.

Mas, um dia, encontrou-se com um bizarro mundo subatômico e com a ação da consciência.

Por certo, isso ensejará analogias e conclusões de outra ordem. Chegaremos lá.

Continuando a observar aspectos da mecânica dos sólidos, verificamos outra situação interessante, a nos mostrar que o conhecimento e a aplicação de uma lei mostra detalhes que precisam ser identificados, para não termos a tendência de negar a própria lei.

Já vimos e sabemos, mesmo por intuir, que um corpo parado só se movimenta a partir da aplicação de uma força capaz de acelerá-lo.

Pois vamos imaginar um grupo de quatro pessoas que, dentro de um carro parado, com falta de combustível, a alguns metros de um posto de gasolina, passem a examinar a questão força-movimento.

Quando um deles se apresta a descer para empurrar o veículo, outro lhe diz:

— Sabes que para colocar o carro em movimento necessitamos aplicar-lhe uma força, pois não?

— É exatamente isso que eu vou fazer, e espero que venham me ajudar!

"Mas, amigo", retruca o primeiro, "podemos fazer força sobre o carro sem descer dele, o que é mais seguro e cômodo. Quem está sentado à frente aplica a força contra o painel e nós, do banco de trás, aplicamos toda a nossa força contra o encosto dos bancos dianteiros. Essas forças somadas são suficientes para mover o carro."

"Por certo estás viajando, mesmo no carro parado", diz o parceiro. "Isso não funciona de modo algum, e todo mundo sabe".

"Podes me dizer por que não funciona? Vais dizer que a Física está errada?"

Pois há aí um detalhe da lei que os amigos não estão a perceber.

A Lei da Conservação da Quantidade de Movimento estabelece que "força interna não altera a quantidade de movimento de um sistema". A quantidade de movimento de um sistema é o produto de sua massa pela velocidade. Para alterar a velocidade, como é o caso de colocar um corpo parado em movimento precisamos uma força, mas essa deve ser externa. Então, precisa mesmo descer para empurrar.

Uma pequena analogia: quando um grupo ou uma instituição vai mal, é comum e desejável chamar-se alguém de fora para apresentar uma solução ao problema. Não será a busca de uma força externa? Esta, alterando a velocidade, poderá alterar rumos quando isso for buscado.

E a tendência de repetir sempre o mesmo comportamento, incluindo os mesmos erros, é sem dúvida comparável à inércia. Um alerta dado por um amigo não será comparável a uma força externa que, se aceita – pois aí entra a questão humana –, poderá trazer salutares modificações?

Evidentemente, trata-se apenas de uma analogia, pois há todo um conjunto de fatores psicológicos e emocionais quando se trata de grupos de pessoas. Mas, que pode funcionar, pode.

Nos grupos de pessoas, as ideias dão a diretriz para procedimentos a serem adotados. Mas, se os procedimentos não estão dando o resultado esperado, é preciso modificá-los: modificar a causa, para alterar efeitos, como advertiu Einstein: "É uma grande tolice pretender resultados diferentes fazendo sempre as mesmas coisas".

Mecanicamente, sabemos que, enquanto a força permanecer a mesma, a aceleração restará inalterada.

Em nossa vida, o nível de consciência, de entendimento, produz a força em seu módulo, direção e sentido e, por isso, caso aplicável a todas as organizações e pessoas na busca da resolução de problemas, e entre eles podemos citar a famigerada corrupção, vale o alerta de Einstein:

– Não se pode esperar a solução de um problema a partir do mesmo nível de consciência que o criou...

Mas, vamos continuar na explicação de fenômenos facilmente observáveis, para ver como a Física os explica, como muitas vezes a usamos até mesmo sem saber por quê, para mais tarde chegarmos ao bizarro, ao contrafactual, ao não intuitivo, a um universo não real no sentido ortodoxo. Vamos devagar, para evitar o choque térmico.

O GIRO DOS CORPOS

Um fenômeno interessante que todos, por certo, já observamos. Há uma mesma lei regendo o movimento de um atleta que salta de um trampolim nos saltos ornamentais numa Olímpiada, no giro de patinadores e no rodopiar dos bailarinos,

Eles sabem como proceder para que a rotação se torne mais rápida ou mais lenta.

Estão aplicando o conceito de Momento de Inércia.

Como?

A lei é clara. A Física explica.

Um corpo possui massa. Quando uma certa massa gira em torno de um eixo, o ente físico que regula esse giro se chama Momento de Inércia e é diferente daquele que tratamos quando comentamos as alavancas, ao falarmos de Arquimedes.

Lá, era o momento de uma força em relação a um ponto. Aqui, o Momento de Inércia.

Para um corpo que gira em torno de um eixo, a medida dessa grandeza é dada pela expressão $I = mr^2$, onde m é a massa em kg do corpo que gira e r, o raio da circunferência descrita em torno do eixo de rotação.

Quando um corpo gira em torno de um eixo, tem uma velocidade angular, representada pela letra ω (ômega minúsculo). Essa velocidade mede, em termos acessíveis, o ângulo que o corpo gira em cada segundo. Se fizer meia circunferência em um segundo, sua velocidade angular será de 180 graus por segundo. A medida natural do arco é dada em radianos e, por isso, no caso anterior, como π radianos equivalem a 180 graus, ou meia volta, diríamos ser a velocidade angular igual a π radianos por segundo.

Mas vamos ao que se observa em termos práticos.

Quando um atleta faz seu corpo girar, quando um patinador gira, sua massa descreve uma circunferência de raio r.

Há então um momento de inércia. Pois o produto do momento de inércia pela velocidade angular permanece constante.

O que isso explica? O que quer dizer exatamente?

Imaginemos um patinador girando em torno do eixo vertical de seu corpo. Num dado momento ele para de impulsionar a pista e deixa-se girar. O produto de sua massa (70kg, por exemplo) pelo valor do raio de giro ao quadrado e pela velocidade de giro permanece constante.

m X r^2 X ω (velocidade de giro) terá um valor constante. A massa não mudará. logo, para que o produto permaneça constante, se r diminuir, a velocidade de giro aumentará; se r aumentar, a velocidade angular diminuirá. Escrevemos: m r^2 ω = constante.

Pois é o que observamos. Vejamos um exemplo:

Quando numa competição de saltos ornamentais o mergulhador se atira do trampolim faz seu corpo girar em torno de um eixo transversal a ele, que passaria pela região abdominal. Ele mantém os joelhos contra o abdome e gira rapidamente. Ao se aproximar da água, para entrar nela na posição correta, de ponta, estica o corpo. Isso leva massas, braços, cabeça, pernas para longe do eixo de rotação, aumentando o raio de giro. Automaticamente, a rotação se torna mais lenta.

Um patinador está girando rapidamente. Quando se abaixa, apoiado num só patim, ao afastar os braços do corpo começa a girar mais lentamente. Aumentou o raio de giro, diminuiu a velocidade de rotação.

Em resumo, se um corpo gira livre em torno de um eixo, a um aumento no raio de giro corresponderá uma redução na velocidade angular. Reduzindo o raio, a rotação ficará mais rápida.

Há uma experiência simples, que poderemos fazer em qualquer academia: se alguém ficar de pé sobre um disco giratório, com alteres nas mãos, uma vez posto o disco em movimento, observará que ao esticar os braços para o lado (está levando massas para mais longe do eixo de rotação que, no caso, é vertical) estará reduzindo a velocidade de giro, pois está aumentando o raio da circunferência descrita pelos alteres. Se elevar os braços verticalmente, unindo os pesos acima da cabeça, estará diminuindo o raio de giro e consequentemente irá aumentar a velocidade de rotação.

A figura demonstra o que foi dito:

Giro mais lento

Quando um atleta vai efetuar o lançamento de disco, começa a girar com o disco bem junto ao corpo, para poder atingir velocidade de rotação alta com mais facilidade, pois o raio da circunferência é pequeno. Só no momento de arremessar o disco, quando seu giro já é bem rápido, estica o braço e efetua o lançamento.

NO FOGÃO E NA GELADEIRA

A esta altura, após essa gama de exercícios, devemos ter fome e sede. Então vamos verificar alguma coisa da Física da cozinha, no fogão e na geladeira.

Diminuir o tempo de cocção de um alimento.

Todo alimento cozinha a partir de um certo tempo de permanência a determinada temperatura. Uma feijoada é preparada colocando os ingredientes, naturalmente sem esquecer o feijão, em uma panela com água.

Sabemos que a água, sob pressão normal, entra em ebulição (ferve) a uma temperatura de 100 graus Celsius. Nessa temperatura, decorrerá determinado tempo até que o feijão cozinhe. Para cada alimento, grão ou não, o tempo é determinado.

Aí se pergunta: quando a água começa a ferver, adianta tornar o fogo mais alto, para que o alimento cozinhe mais rapidamente?

Não. Como dissemos, o tempo de cozimento é determinado para cada temperatura em que o alimento se encontre, e aumentar a chama não faz a temperatura da água aumentar. Enquanto estiver fervendo, com muita agitação ou não, a temperatura da água permanecerá em 100 graus Celsius. O aumento da chama só aumentará a velocidade de vaporização.

Como foi dito, cada líquido, sob pressão normal, ferve a uma temperatura definida.

O "ferver" do líquido ocorre a partir do momento em que a temperatura a que está submetido produz a formação de bolhas internas que chegam à superfície com energia suficiente para arrebentarem e, assim, liberar o vapor.

Se queremos mudar a temperatura de ebulição, deveremos mudar a pressão. Esse agente físico é que impede, no caso da água, para exemplificar, a formação de bolhas com energia suficiente para estourarem, liberando o vapor. Se aumentarmos a pressão, dificultaremos esse processo. A energia suficiente para as bolhas arrebentarem sob pressão de uma atmosfera não é suficiente para fazê-las estourarem a pressões mais altas. Logo, aumentando a pressão exercida sobre certa quantidade de água, aumentamos sua temperatura de ebulição.

Certamente o leitor está pensando na panela de pressão. Guardando, por certo tempo a pressão de vapor que vai se formando, submete-se a água a uma pressão mais alta, permitindo o escape de vapor pela válvula, portanto a ebulição do líquido com bolhas mais energizadas, o que exigirá temperatura superior a 100 graus Celsius.

A uma temperatura mais elevada, o alimento cozinhará em menos tempo. A Física explica a panela de pressão.

Mutatis mutandis, a redução de pressão permite que o líquido ferva a temperaturas mais baixas do que sob pressão normal. Por isso, além do problema da temperatura externa, fica difícil tomar um chá bem quente no alto de uma montanha.

Nos lugares mais altos, a pressão atmosférica é mais baixa. Assim, a água ferverá a menos de 100 graus, já saindo da chaleira para a xícara ou cuia de chimarrão a uma temperatura menor do que sairia se a fervura acontecesse no nível do mar.

O aumento da pressão dificulta o aparecimento do estado físico ao qual corresponde maior volume.

Basta lembrar os tubos do gás de cozinha, o GLP, que significa gás liquefeito de petróleo. Dentro do tubo, devido à alta pressão, temos um líquido. Ao abrir a válvula, ao escapar do tubo, encontrando uma pressão muito menor do que a do interior do reservatório, o líquido passa para o estado de gás.

Por isso, o nitrogênio líquido, usado pelos dermatos em processos de crioterapia, na queima de determinados sinais, é guardado em reservatórios sob pressão, uma vez que, sob pressão normal, ferve a 78K (escala absoluta), o que corresponde a –205 graus Celsius.

Voltamos à cozinha: a comida está pronta, mas esquecemos aquela cervejinha no *freezer* e a má notícia é que a garrafa estourou. A cerveja congelou.

"Mas não deveria acontecer. O professor de Física disse que um material em estado sólido ocupa menos volume do que em estado líquido. É por isso que alguns alunos correm o risco de rodar. Ainda bem que o *laissez faire* proibiu essa classe de reprovar a gente e se meter a dizer que estamos errados", falou o fruto dos novos tempos de ensino, em que é proibido reprovar e sua majestade o aluno, principalmente o mimado, o dono do poder.

Esqueceu-se o rebelde sem causa de um detalhe, além de esquecer de assistir à aula regularmente.

O professor disse *em geral* e lembrou a exceção da água que, apesar do desastre do estouro das garrafas, é, como veremos de extraordinária valia para a humanidade. Um desses acasos da natureza que operam a nosso favor.

Como é mesmo a questão?

A água é a única substância que em estado sólido flutua sobre si mesma em estado líquido.

Se jogarmos um pedaço de ferro em estado sólido sobre ferro em estado líquido, num cadinho, o sólido afundará. O mesmo acontecerá com ouro, prata, etc.

Mas, a água em estado sólido – gelo – flutua sobre a água em estado líquido. Graças a esse fenômeno, rios que congelam no inverno conservam a vida de peixes, porque a camada de gelo vai flutuar e teremos, abaixo dela, a água em estado líquido.

Se fosse o contrário, o gelo iria afundando em camadas e tomaria conta de todo o espaço, acabando com a vida submersa.

E, por que a quebra da garrafa a partir do congelamento?

É mais uma particularidade da água. O gelo se forma com sextetos de moléculas de água. Em estado líquido elas rolam umas sobre as outras, como ocorre com os líquidos, o que os faz adotar a forma do recipiente que os contém.

Ao se formar o gelo, as moléculas formam um colar, deixando no meio um espaço vazio, ocupando um volume maior, daí a flutuação, e forçando as paredes da garrafa ou das formas de gelo. Há, portanto, uma expansão, que causa a quebra do reservatório.

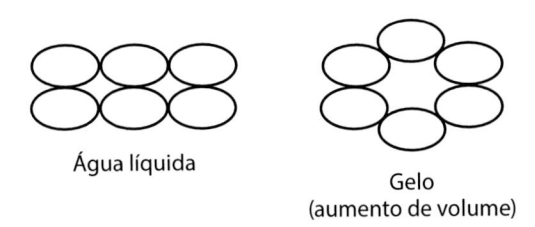

Água líquida

Gelo
(aumento de volume)

Radiadores de carro, principalmente em lugares muito frios, usam misturado na água um líquido anticongelante para impedir a formação de gelo e consequente ruptura dos dutos de refrigeração.

CHOQUE ELÉTRICO NA BANHEIRA?

Há verdadeiramente perigo de choque elétrico em banheiras, piscinas e no mar?

As famosas cenas de filmes de secadores de cabelo ligados atirados na banheira matar por eletroplessão o banhista? E o raio na piscina e no mar?

Sendo a água má condutora de eletricidade, pode transmitir uma corrente elétrica?

Aprende-se que não. Mas essa impossibilidade de conduzir corrente refere-se à água quimicamente pura. A água da banheira em geral contém sais dissolvidos – o banho de imersão fica mais gostoso com sais aromáticos –, e haverá pelo menos alguma espuma de sabão.

A água da piscina contém sais e a do mar, ainda mais. Essa água com sal é excelente condutora.

Daí porque devemos nos afastar de piscinas, do mar, da água em geral em momentos de tempestade, uma vez que nessas condições a faísca elétrica será conduzida até nós, se ocorrer.

ALGUMAS EXPRESSÕES EQUIVOCADAS

É comum encontrarmos nas embalagens dos alimentos, bem como nas garrafas de refrigerantes, escrito no rótulo: contém tantas calorias.

Caloria é uma medida de quantidade de calor, e corpos, sejam quais forem, não possuem calor, que não é sinônimo de temperatura.

Calor é uma forma de energia de transferência e só se manifesta como calor enquanto a transferência ocorre. Assim, se encostarmos um corpo mais quente num outro mais frio – aqui se trata de temperatura –, haverá um fluxo de calor de um para o outro, no sentido do mais quente para o mais frio. Então podemos dizer que um corpo pode ceder ou receber calor, mas não armazena calor. O calor recebido pode ser armazenado em forma de energia interna.

Numa comparação muito primária, poderemos dizer que podemos comer arroz, por exemplo. Daí nosso organismo extrairá energia, mas não podemos dizer que nosso corpo guardou arroz.

Então, corpos não possuem calor. Posso dizer que um corpo está mais quente ou mais frio do que outro, mas jamais que um corpo possui calor.

Aliás, me ocorre um exemplo de equivalência perfeita:

Quantas vezes lemos, em relação às informações sobre produtos comestíveis, a frase: "Não contém colesterol".

Nem poderia, pois o colesterol é produzido pelo fígado.

Dizer que um azeite, por exemplo, não contém colesterol é o óbvio, embora não seja essa a intenção, nem o efeito da propaganda de rótulo.

Dizer quantas calorias possui um corpo, em qualquer situação, é absurdo.

Podemos dar amor e podemos receber amor, mas há uma possibilidade de guardá-lo, de armazená-lo?

Nem sei se é uma analogia válida, mas podemos pensar nela.

E, por falar em calorias, podemos lembrar um caso que à primeira vista parecerá estranho, mas com pleno fundamento físico em nossa habitualidade.

Quando pequeno, ouvi numa determinada ocasião minha vó, que à época morava no interior do Estado do Rio Grande do Sul, na cidade de Júlio de Castilhos, em relação à senhora que cozinhava para a família, tecer o seguinte comentário:

– A Fátima tem uma mania esquisita, mas que parece funcionar: Quando vai preparar uma carne na panela e acha que essa é muito dura, costuma pedir dois ou três pregos novos, para espetar na carne enquanto cozinha. Diz ela que isso torna a carne mais macia e até faz cozinhar mais parelho e mais depressa.

Tem fundamento?

Sim, e a carne feita no espeto, em nossos churrascos, é uma prova da efetividade do método Fátima.

Cada corpo exige determinada quantidade de calor para esquentar – materiais de calor específico alto exigem mais calorias do que materiais de calor específico baixo, para sua temperatura aumentar um grau Celsius. Essa propriedade, em relação ao todo, chama-se *Capacidade Térmica do Corpo* e depende do material de que ele é feito e da massa (quantidade), bem como do estado físico – sólido, líquido ou de vapor – em que o corpo se encontra.

Mede-se a capacidade térmica em calorias (cal) por grau Celsius.

Como a grandeza depende do material, decidiram os físicos pesquisar a quantidade de calor que se deve fornecer a cada unidade de massa (grama) de determinado material para que sua temperatura aumente um grau Celsius. Em unidades práticas, essa grandeza, que se chama calor específico, é medida em calorias por grama, por grau Celsius (cal/g.°C).

Isso significa que materiais de calor específico alto – a água é um exemplo – exigem maior quantidade de calor do que materiais de calor específico baixo – metais em geral – para que sua temperatura aumente um grau.

Por exemplo: o calor específico do ferro é de 0,113cal/g.°C; o do alumínio, 0,217cal/g.°C e o da água, em estado líquido, 1cal/g.°C.

Quer dizer: cada grama de ferro exige apenas 0,113cal para que sua temperatura aumente um grau Celsius, enquanto um grama de água, exige praticamente 10 vezes mais, ou seja, uma caloria, para aumentar sua temperatura em um grau Celsius.

Quando colocamos água para ferver num recipiente metálico, observamos que em poucos segundos o recipiente está muito quente, mas a água não. Estão sobre a mesma chama, logo, a cada minuto, estão recebendo a mesma quantidade de calor, mas como o metal tem calor específico mais baixo, esquenta mais rapidamente.

Não consideramos a transmissão do calor, do recipiente, que o recebe diretamente pela chama, para a água, mas isso em nada invalida o raciocínio, e confirma a hipótese de Fátima.

Se temos um pedaço de carne dentro de uma panela e nesse pedaço introduzimos pregos – metal –, estes e aquele estarão recebendo a mesma quantidade de calor. Mas, recebendo a mesma quantidade de calor, a carne e os pregos adquirem temperaturas diferentes.

Os pregos, que terão capacidade térmica menor do que a carne, como os metais têm calor específico baixo, aquecem mais ao receber a mesma quantidade de calor. Como o calor se transmite do corpo mais quente para o mais frio, os pregos, ficando a uma temperatura mais alta do que a carne, transmitirão calor a ela. Funcionam como fontes de calor interna à carne e, assim, ajudarão no cozimento.

No nosso churrasco, é fácil verificar que os espetos atingem temperaturas superiores à da carne. Por esse motivo, transmitem-lhe calor, por dentro, fazendo o assado ficar mais macio e cozido uniformemente. É como se, exagerando, os espetos fizessem o papel de pequenos fogos – na verdade funcionam como fontes de calor extra – colocados no interior da picanha.

AINDA SOBRE O CALOR

Corpos que transmitem calor com facilidade, como é o caso dos metais, são bons condutores de calor, e aqueles que transmitem muito pouco o calor são isolantes.

Lembremos nossos abrigos contra o frio. Um blusão de lã, um cobertor, um agasalho, de um modo geral, não são fontes, não são produtores de calor. São, simplesmente, bons isolantes.

Isso explica algo que poderíamos, à primeira vista, considerar absurdo.

Pelo entendimento muitas vezes esposado, embora equivocado, de que abrigos de lã esquentam, como se fossem produtores de calor, entendemos perfeitamente porque os usamos no inverno, mas ficamos intrigados ao saber que os beduínos, ao caminhar pelo deserto, durante o dia, em temperaturas altíssimas, caminham cobertos de lã.

Fosse a lã produtora de calor e certamente morreriam desidratados.

O que ocorre, e a Física explica, é muito simples.

Como bom isolante, a lã impede trocas de calor.

Assim, quando numa noite fria vamos para baixo das cobertas, essas impedem que o calor de nosso corpo seja cedido para o ar. Conservando a temperatura de nossa pele, nos mantém confortáveis.

Lembremos que o calor se transmite do corpo mais quente para o mais frio.

Daí, se a temperatura externa, como no deserto durante o dia, for maior do que a temperatura de nosso corpo, é conveniente que isolemos nosso corpo, termicamente, em relação ao meio externo e, assim, pedimos auxílio à lã.

Se a temperatura externa é maior do que a nossa, para não sentirmos os efeitos de um calor exagerado, devemos impedir sua passagem para nosso corpo.

Quando a temperatura externa é bem inferior à nossa, devemos impedir a perda de calor, a passagem de calor de nosso corpo para o meio externo.

Nos dois casos, precisamos de um isolante; por isso, na noite fria – temperatura externa muito baixa –, bem como no sol do deserto – temperatura externa muito alta –, devemos impedir a troca de calor com o meio externo, o que requer, nas duas situações opostas, uma mesma providência. Usar um isolante térmico.

UMA PERGUNTA SOBRE O SOM

Gritar mais significa falar mais alto?
O som é formado por ondas elásticas longitudinais que se propagam em meios materiais. Não se propaga no vazio.

As ondas sonoras têm três características que nossa fisiologia permite distinguir; são chamadas qualidades fisiológicas do som. São elas a intensidade, a altura e o timbre.

A intensidade é função da energia vibratória transportada e se manifesta na amplitude de vibração da onda. Quanto maior a intensidade, maior a amplitude de vibração.

Pois intensidade caracteriza o volume e permite classificar os sons em fortes e fracos. Aquele som de cujo volume reclamamos, tão presente em alguns carros que em geral valem menos do que o equipamento sonoro, sempre pilotados por pessoas altruístas que querem repartir com todos as delícias melodiosas que estão vivendo – Cândido, o otimista, de Voltaire, talvez interpretasse assim –, se caracteriza pelo excesso de volume e é chamado som forte. Um cochicho é um som fraco.

Então, em relação ao volume, os sons se classificam em fortes ou intensos, e fracos ou débeis. Nada a ver com a altura.

Quanto à altura, os sons se classificam em altos e baixos. Essa característica é dada pela frequência – o número de vibrações por segundo.

Os sons de menor frequência que o ouvido humano pode perceber estão por volta dos 20Hz (Hertz) e os de maior frequência oscilam em torno de 20.000Hz, quer dizer 20.000 vibrações por segundo.

Sons de baixa frequência, daí o nome, são sons baixos e os de alta frequência, sons altos.

Em relação à frequência, os sons se classificam em baixos ou graves, e altos ou agudos.

Portanto, em termos bem populares, mas corretos, falar alto é falar fino.

Via de regra, as mulheres falam mais alto do que os homens. Estou a dizer que gritam mais? Não, estou dizendo que, em média, têm a voz mais aguda.

Resta falar no timbre, caracterizado pela forma da onda e que permite distinguir as fontes sonoras.

Uma mesma nota musical, numa mesma escala, num piano e num violino têm a mesma altura – frequência. Poderão ter o mesmo volume, ou não, dependendo da energia comunicada às cordas dos instrumentos e terão necessariamente timbres diferentes.

Batendo na mesma tecla do piano, produzo sempre um som da mesma altura, mas a força com que vou percutir a corda produzirá intensidades diferentes.

Um cantor de voz educada – não são todos, nem sei se são a maioria – deverá ter um bom registro, isto é, a capacidade de variar a frequência em várias oitavas, alcançar várias escalas musicais.

Quer dizer, cantar afinadamente, do grave ao agudo.

Há sucessos que não alcançam uma escala. Poderíamos dizer que há muitos gostos, mas, sem dúvida, alguns são um verdadeiro desgosto!

Mas o que nos importa, agora, é nos expressarmos adequadamente em relação ao som.

Quanto ao volume, os sons se classificam em fortes e fracos, respectivamente intensos e débeis. A intensidade se mede em decibéis (nível de ruído).

A altura, que caracteriza cada nota musical em sua respectiva escala, divide os sons na categoria de baixos, ou graves (daí vem a classificação das vozes. O baixo da ópera não é chamado assim por ser pequeno ou cantar sem volume, que não tem nada a ver. É porque canta com voz baixa, quer dizer, grave.

O timbre identifica a fonte sonora. Bons imitadores têm a difícil qualidade de alterar o timbre de voz.

Encerrando esta nossa física do dia a dia, vamos elencar as leis de Newton, base de toda a Mecânica Clássica e inspiradoras, no campo da Filosofia, do materialismo realista.

A fase da Mecânica Newtoniana encerra um período em que a Física e o senso comum marchavam juntos, as leis do universo pareciam todas decifradas e o empirismo era a base fundamental do conhecimento científico.

Após, retornaremos um pouco no tempo para examinar eventos históricos, no terreno da Física e algumas mudanças paradigmáticas.

Após, vamos abrir o capítulo dos mistérios, começando com Einstein, a relatividade e o tempo.

Newton estabeleceu três princípios, leis, que resumem os fundamentos da mecânica clássica, em que espaço e tempo eram fixos.

Isso nos foi contado e recontado, participa de nossa experiência sensorial diária, introjetou-se de tal forma em nosso pensar, que tornou difícil entender que o tempo passa em escalas diferentes, em função de múltiplos fatores.

A ciência estabeleceu suas equações fundamentais em função de tempo e espaço, tendo como verdade que são esses entes, tempo e espaço, fixos e separados.

Por ora, vamos às três Leis de Newton, marco fundamental da evolução da Física.

A BASE MECANICISTA: AS TRÊS LEIS DE NEWTON

Primeira Lei: Inércia.

"Um corpo permanece em repouso, ou com velocidade constante, enquanto a resultante das forças externas aplicadas sobre ele é zero".

Comentamos, no capítulo inicial, várias aplicações práticas dessa lei.

A segunda lei é consequência da primeira e se chama "Princípio de massa".

Para acelerar um corpo, precisamos de uma força. A razão entre a força aplicada e a aceleração produzida será constante e igual à massa do corpo. Sempre é feita a referência em função da força externa resultante.

Muitas vezes, temos a impressão errada de que a tendência de um corpo em movimento é parar. Se chutamos uma bola, chute rasteiro, num campo, verificamos que ela vai reduzindo a velocidade até parar. Se deixamos um carro rodar livre, em ponto morto, numa estrada plana, observamos sua velocidade diminuir. Onde ficou a espontaneidade do movimento uniforme? Como a velocidade mudou sem a ação de força?

Na verdade, nos dois exemplos, como houve uma aceleração negativa, houve uma força contrária ao movimento: a força de atrito. Na ausência de forças, primeira lei, a velocidade permaneceria sempre a mesma. O atrito, força sempre de oposição ao movimento, produziu uma aceleração negativa, ou seja, uma redução de velocidade. Quanto maior for o atrito, o que depende inclusive da natureza das superfícies de contato, maior será a aceleração negativa produzida.

Matematicamente, a segunda Lei de Newton nos diz: F = m.a, onde **F** é a força aplicada, **m**, massa, não muda, e **a** é a aceleração produzida.

Vê-se, pela simples fórmula que, numa mesma massa, a aceleração produzida será diretamente proporcional à força aplicada.

Lembrando que aceleração é mudança de velocidade, um carro a 140km/h, durante, por exemplo, 5 minutos, está menos acelerado do que um caminhão que em 5 minutos muda sua velocidade de zero para 40km/h.

A aceleração se mede em metros por segundo ao quadrado. Em termos de aceleração tangencial, aquela que mede a mudança do valor da velocidade – existe também a aceleração normal, sempre presente nos movimentos curvilíneos, que mede a mudança de direção da velocidade –, vamos exemplificar com a aceleração da gravidade. Seu valor padrão na superfície da Terra é 9,8m/s².

Isso significa que um corpo em queda livre, uma pedra jogada do alto de uma torre, como fazia Galileu com esferas na Torre de Piza, aumenta sua velocidade em 9,8 metros por segundo, em cada segundo de queda.

Aí o significado da unidade de aceleração, m/s². Dissemos que aceleração é mudança de velocidade. Então, sua unidade, em termos de movimento em linha reta, indica quantos metros por segundo a velocidade aumenta, aceleração tangencial positiva, ou diminui, em cada segundo.

Retomando o caso de um corpo em queda livre, sua velocidade aumenta, vamos arredondar para 10m/s² a aceleração da gravidade, 36km/h em cada segundo. Em função da forma do corpo, que influenciará em seu atrito com o ar, o valor muda para menos.

Podemos acrescentar um dado interessante que contrariou historicamente as observações efetuadas.

Aristóteles afirmara que o corpo mais pesado cai mais depressa. É intuitivo e é normal que muitos pensem que seja assim mesmo.

Galileu afirmou que no vácuo e num mesmo lugar todos os corpos caem com a mesma aceleração.

Mas, poderemos pensar: isso contraria as observações que se podem efetuar. Um tijolo e uma pluma, largados da mesma altura, não terão o mesmo tempo de queda.

Justamente aí, entre o atrito com o ar, que depende da forma do corpo.

Galileu, na Torre de Piza, deixava cair esferas de mesma forma feitas de materiais diferentes, como madeira e ferro, e observava que, apesar de terem pesos diferentes, caíam juntas.

Dá para começar a pensar que a realidade pode ser muito diferente daquilo que conseguimos observar e que em aparentes alterações de leis universais existem variáveis não consideradas que tornam a derrogação da lei apenas aparente.

Qual a lógica subjacente ao problema de duas pedras, uma de 2kg e outra de 5kg, caírem juntas?

Quem faz os corpos caírem é uma força chamada peso. Vimos que a massa é a inércia. É o agente que impede a aceleração e resulta da divisão entre força aplicada e aceleração produzida. A pedra de 5kg tem mais peso, mas também tem mais inércia. A de 2kg tem menos peso, mas, por sua vez, opõe menos dificuldade à aceleração. Então, mais força, no caso do exemplo, é acompanhada por mais dificuldade, de modo que o resultado da divisão do peso da pedra de 5kg por sua massa dá o mesmo resultado, aceleração, que a divisão do peso da pedra de 2kg por sua massa.

O peso de um corpo é medido em newtons (N) e para obtê-lo multiplicamos a massa do corpo pela aceleração da gravidade. Arredondando o valor da aceleração da gravidade para $10m/s^2$, teremos que o peso de um corpo de 20kg, na Terra, será de 200N.

Voltemos, então, ao nosso exemplo das pedras, de 2kg e 5kg de massa, em queda livre. Sobre cada uma vai atuar uma força que é seu peso.

Como vimos, o peso (força) da pedra de 2kg é sua massa multiplicada pela aceleração da gravidade, para a qual estamos adotando o valor 10.

Assim, o peso da pedra de 2kg é 20N e o da de 5kg é 50N.
Dividindo a força, no caso o peso, pela massa, teremos a aceleração que o corpo adquire pela ação da força.

Pois 20/2 = 10 e 50/5 = 10, que é o valor da aceleração de queda do corpo. Então, no vácuo e num mesmo lugar, todos os corpos caem com a mesma aceleração.

Daí um alerta importantíssimo: o perigo dos tiros para cima. A velocidade perdida na subida, movimento contra a gravidade, é readquirida na descida, com pequenos descontos devidos a atrito e eventual giro. Mas, o certo é que a bala disparada para cima chega ao solo com velocidade suficiente para matar.

E, aos céticos de plantão, perguntaremos:

"Não acredita? Então jogue um tijolo, com toda a sua força, para cima e, se crê mesmo que sua velocidade de chegada ao solo será baixa, fique de pé no ponto em que ele vai cair. Não aconselho.

Sabemos que o peso varia conforme a gravidade do lugar, que, na Terra, depende da distância do ponto considerado até o centro de massa do planeta, variando inversamente com o quadrado da distância do ponto em que é medida, ao centro citado.

Por isso, se realizarmos uma competição de salto em altura num lugar muito alto, facilmente serão estabelecidos novos recordes, uma vez que a força muscular que empurra o atleta para cima é a mesma, mas seu peso, força contra a subida, é menor.

A bola de futebol pesa menos em lugares altos e também enfrenta menos atrito, por ser a camada de ar mais rarefeita. Assim, subirá mais, a partir de um mesmo impulso e terá maior velocidade. Um centroavante acostumado a lugares mais baixos, Rio de Janeiro, por exemplo, nível do mar, com o mesmo impulso subirá mais num lugar alto.

Já se estiver acostumado a grandes altitudes, tanto um atacante quanto um zagueiro, ao jogar num estádio situado ao nível do mar, poderá ser surpreendido no cálculo de um salto e ver a bola que ele pretendia cabecear passar acima do ponto de impacto previsto.

E falando nisso, deixando o problema da pressão atmosférica para depois, como funciona aquela espécie de parada no ar a que assistimos frequentemente e com grande admiração no basquete e caracterizava o grande astro Michael Jordan, conhecido então como "Air Jordan"?

Vamos lá. Um projétil lançado na oblíqua vai descrever uma trajetória parabólica. O alcance do projétil, que dependerá da velocidade inicial e do ângulo de elevação inicial, é a distância horizontal percorrida desde o lançamento até o ponto de queda.

Para uma mesma velocidade inicial, o alcance máximo, no mesmo lugar, corresponderá a um ângulo de elevação inicial de 45 graus.

Assim, no lançamento de morteiros, para verificar a possibilidade de atingir o alvo, faz-se uma tentativa inicial de 45 graus. Se com esse ângulo o projétil cair antes do alvo, diz-se que não há alcance, isto é, não adianta aumentar ou diminuir o ângulo inicial. O projétil não chegará ao alvo. Solução: tentar chegar mais perto.

Pode-se fazer uma experiência regando o jardim. Mantendo o mesmo jato da mangueira, começamos a incliná-la e vemos que a água chega cada vez mais longe. Isso, até chegarmos aos 45 graus como ângulo de lançamento. A partir daí, um aumento no ângulo causará uma redução no alcance.

E o que o Jordan e a "parada no ar" têm a ver com isso?

Quando o atleta faz seu salto na oblíqua, seu centro de gravidade, que é o ponto de aplicação da força-peso, descreve necessariamente uma parábola.

Nosso centro de gravidade está situado na região abdominal e depende da distribuição das massas de nosso corpo.

Se efetuarmos um salto, em velocidade, esse ponto descreverá uma figura parabólica.

Agora, entra a técnica. O atleta inicia o salto com os braços para baixo, ou na altura do abdômen. Seu centro de gravidade descreverá uma parábola. No final do movimento de subida, ou ao atingir o ponto mais alto, o jogador levanta os braços com a bola. Nesse momento, o centro de gravidade sobe e, como ele, centro de gravidade, vai descrever um ramo de parábola, sua queda começa de um ponto mais alto, o que aumenta o tempo de permanência no ar, dando a sensação de um movimento praticamente na horizontal, durante um certo tempo.

Começando a descida desde um ponto mais alto, o tempo de queda é maior.

A Física explica e a dedicação efetua. É de Jordan a célebre frase dita em resposta à pergunta de um repórter que lhe indagava se se considerava um homem de sorte: "Quanto mais eu treino, mais sorte eu tenho".

Vale para projetos de superastros devorados pelo tamanho do ego!

Vimos duas das três Leis de Newton.

A terceira, visitada frequentemente por especulações filosóficas, muitas vezes de alcance duvidoso, pelo próprio conhecimento precário da lei, chama-se Lei de Ação e Reação.

Seu enunciado: Sempre que um agente físico exerce uma força sobre outro, **ação**, recebe deste outro uma força de mesma intensidade e sentido contrário, chamada força de **reação**.

Devemos estar atentos ao enunciado, para evitar equívocos.

Uma interpretação equivocada poderia levar ao seguinte raciocínio incorreto:

Se quando exerço uma força sobre um corpo para empurrá-lo, aparece nesse corpo uma força de mesma intensidade e sentido contrário, o corpo jamais poderá entrar em movimento, pois forças de mesmo valor e sentidos contrários se anulam.

A parte final do enunciado é verdadeira, sendo, no entanto, sua conclusão errada. É o grande perigo das meias-verdades, bastante presentes em publicidade, seja de produtos, pessoal, etc. Há uma parte verdadeira embutida num todo falso, o que mais facilmente induz à aceitação do dito.

Devemos observar, no próprio enunciado da lei que o corpo que pratica a ação é que recebe a reação. As forças de ação e reação nunca estão aplicadas no mesmo corpo e, assim sendo, não se anulam. Agem em corpos diferentes e produzem efeitos distintos.

Quando verificamos a ocorrência dessas forças? Quase a todo momento.

Ao caminhar, por exemplo, empurramos o solo com uma certa força, e esse empurra nosso pé, em sentido contrário, com força de mesmo valor.

Se estamos num barco a remo e queremos nos afastar da margem de um lago, empurramos a margem usando um dos remos. Aquela devolve ao remo a força aplicada, que vai movimentar o barco em sentido contrário ao do empurrão que a margem sofreu.

Diferentes analogias são feitas em relação a essa lei, principalmente em termos de comparações mais simples, quando por meio de diversos adágios se infere que o que fazemos aos outros, à vida, ao universo, retorna para nós com a mesma intensidade.

Analogias são livres e podem ser mais ou menos felizes, de acordo com posicionamentos pessoais. Cumpre frizar que não são deduções, em que pese a confusão própria dos filósofos de barzinho e prefácio, pois dedução é um método lógico de demonstrar a verdade de uma proposição.

As Leis de Newton trouxeram uma nova percepção do mundo. Explicaram uma enorme gama de fenômenos e deram origem ao modelo mecanicista do universo, inspirador do chamado materialismo realista.

PARTE II
OS DESAFIOS DO NOVO

Mas muitos enigmas permaneceram, novas fronteiras foram surgindo e a ciência ampliando seu campo de observação.

O decifrar do cosmos, a chamada leitura da mente de Deus, ainda está longe.

Há uma nova ciência descrevendo fenômenos insólitos, até mesmo bizarros, sendo muitos deles até mesmo contraintuitivos.

Iremos exemplificá-los adiante.

Faremos uma rápida digressão, passando por algumas das ideias centrais com que a Física descreveu o universo, no caminho do novo conceito de espaço e tempo.

Examinaremos as mudanças fundamentais de paradigmas e sua indefectível dificuldade.

De certa maneira, os paradigmas são a crença da ciência e, via de consequência, da humanidade em determinados períodos. Essa crença, como todas as demais levadas a extremos, se transforma numa irrefreável resistência ao novo, num entrave à mudança, num verdadeiro preconceito acadêmico.

E Einstein já afirmara: "É mais fácil desintegrar um átomo do que um preconceito".

E o novo se torna mais difícil de explicar e aceitar, principalmente quando vai de encontro ao senso comum e aos limites do observado, desmontando estruturas de pensamento lógico, o que é o caso específico da Física Quântica e da Relatividade.

As dificuldades, muitas vezes, são decorrência do grau de mudança apresentado por uma teoria em foco.

Por isso, seria relativamente fácil explicar em poucas palavras as teorias de Newton e Darwin. Mas, em relação à Física Quântica, a explicação em economia de termos soaria mística, mágica, ilógica.

Só para citar um exemplo, ao qual voltaremos com mais detalhes, a teoria do *Quantum de Luz*, de Einstein, formulada em 1905 e desacreditada pela maioria dos cientistas de seu tempo, quando em 1922 lhe valeu o Prêmio Nobel de Física, ainda não era de aceitação plena, a ponto de, mesmo na entrega do prêmio, não ser expressamente citada. Somente em 1923 passou a fazer parte do credo científico vigente.

Vamos caminhar por algumas crenças antigas e teorias importantes, viajando da Mecânica Newtoniana à Quântica, com passagem pela Relatividade.

Houve grande alteração nas crenças antigas com Newton e grandes mudanças em nossa concepção de universo, inclusive com um sem número de posições contraintuitivas, em relação às quais sofremos dificuldade de adaptação e mesmo de aceitação.

O universo pequeno, onde gravitava o Sol em torno da Terra plana, garantido pela observação diária do nascente e do poente, nossa estabilidade para ficarmos em pé, sem esforço, a impossibilidade de imaginar que houvesse alguém, em nosso mesmo planeta, com os pés voltados contra os nossos – os antípodas, que tendemos a imaginar de cabeça para baixo – são apenas alguns dos múltiplos fatores que faziam leigos e estudiosos desconfiarem das afirmações de Galileu sobre a esfericidade da terra e seu movimento.

Essa reação é absolutamente normal. Em ciência, dúvidas são bem-vindas, salvo quando arrastam a um ceticismo extremado que, por preferir manter a dúvida, se recusa a examinar as provas do novo.

A alma do progresso científico é a mudança. A incerteza torna a vida rica na busca de tentativas de novas experiências, dando-nos a consciência de que é inesgotável o aprendizado.

Faremos um estudo sobre os princípios básicos para a compreensão do universo, partindo da Teoria Atômica de Demócrito, e algumas consequências básicas sobre espaço e divisibilidade.

PARTE III
PARTÍCULAS FUNDAMENTAIS E A INDIVISIBILIDADE

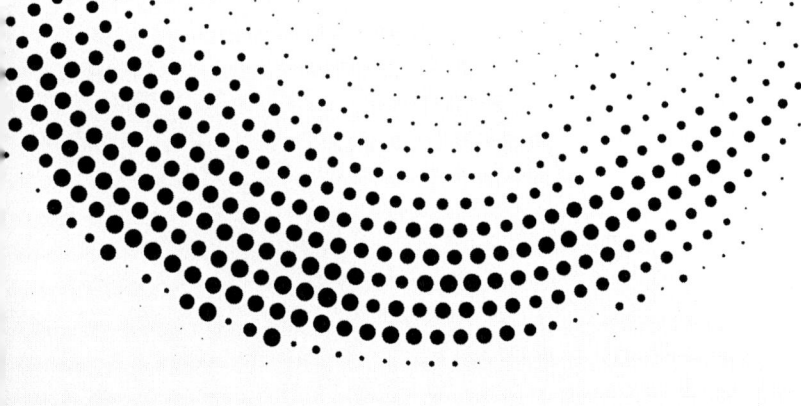

Vamos passear pelo pensamento de Demócrito, Zenon e Aristóteles, e discutir questões que nos levarão à modificação dos conceitos intuitivos de espaço e tempo e aos limites da divisibilidade da matéria.

No ano de 450 AC, Leucipo viaja de Mileto para Abdera e funda uma escola de pensamento que mais tarde ficaria conhecida como a escola atomista.

Mileto assistia à criação de uma nova maneira de indagar a respeito do mundo. Uma forma de indagar que trouxesse respostas adequadas aos questionamentos sobre a natureza das coisas, fugindo dos pacotes prontos em que as lendas as embrulhavam e entregavam para presente.

Hoje sabemos que o essencial para conhecermos as leis que regem o universo é fazermos à natureza a pergunta correta, de modo adequado, pois a pergunta contém, muitas vezes, o modo pelo qual o observador julga o ente pesquisado, e a Física Quântica nos diz que a pergunta feita, não importa qual, é sempre respondida de maneira apropriada; a pergunta faz existir a situação; a expectativa do fato cria o fato.

Leucipo, o primeiro filósofo a conceber a ideia do átomo, teve um discípulo absolutamente genial: Demócrito, cujas ideias muitas vezes se confundem com as de seu mestre. Dando corpo à teoria, Demócrito afirma que todas as coisas são feitas de átomos.

O que isso significa? Que toda a matéria, independentemente da forma como se apresente, é constituída de partículas extremamente pequenas e indivisíveis, no entender da época – e daí o nome – chamadas átomos.

As formas assumidas pelos átomos caracterizavam o estado físico da matéria. Dessa maneira, os átomos dos líquidos seriam redondos, o que facilitaria seu escoamento.

O cheiro, o sabor e demais características dos corpos dependeriam do arranjo entre seus átomos constituintes.

Demócrito, com a postulação do átomo, admite um limite para a divisibilidade da matéria e, embora o que hoje chamamos de átomo seja divisível, há um limite para a divisibilidade, o que vem a ser um dos pilares da ciência quântica, ao postular os grãos indivisíveis de energia para a própria luz: os *quanta*.

Mas como se define o problema do limite da divisibilidade?

Vamos considerar, por exemplo, uma certa quantidade do gás hidrogênio e vamos separar porções cada vez menores desse gás. Vamos diminuindo indeterminadamente essa quantidade, até chegarmos à menor porção de hidrogênio, que ainda é hidrogênio, com todas as propriedades desse gás.

Teremos chegado a um conjunto de dois átomos de hidrogênio, sua molécula. A partir daí, se dividirmos ainda mais, se buscarmos uma menor porção, não teremos mais o gás hidrogênio. Teremos dois átomos de propriedades absolutamente distintas das propriedades do gás. Logo, há um limite para a divisibilidade da matéria, mantendo suas propriedades características.

Podemos exemplificar com a água. Partindo de uma quantidade visível e dividindo em quantidades menores até o limite em que o produto, o resultado das divisões ainda é água. Chegaremos a um composto formado por dois átomos de hidrogênio e um de oxigênio. A partir daí, não é mais possível fracionar e ainda ter água. Teremos outros componentes, hidrogênio e oxigênio.

A intuição dessa verdade levou Demócrito a afirmar que há um número finito de átomos que, combinados, formam os diferentes corpos materiais, que dependem em suas propriedades dessas combinações, assim como as múltiplas palavras dependem da combinação das letras do alfabeto.

Essas questões suscitaram discussões interessantíssimas a respeito da divisibilidade, do espaço, da mudança ou permanência, do ser e do não ser.

Parmênides, fundador da Escola Eleática, é considerado um dos filósofos que mais influenciou as gerações posteriores; viveu entre 510 e 470 AC.

Para ele, o ser é uno e imutável. Entendia que o ser é e o não ser não é.

Ensinava a existência de dois caminhos na busca do conhecimento: o caminho da opinião e o caminho da verdade. O caminho da opinião (doxa) não é confiável, já o da verdade, que conduz ao conhecimento, deveria ser percorrido por meio do estrito uso da razão.

Afirmava que não se deve confiar no que se vê. Não quer dizer que toda a percepção seja ilusória, mas sabemos hoje da limitação dos sentidos e de horizontes que a razão alcança sem a percepção daqueles.

O não confiar no que se vê foi uma assertiva profética em relação aos fenômenos contraintuitivos da Física Quântica.

Para Parmênides, o ser é necessariamente imóvel, porque se se movesse poderia vir a ser e então seria ser e não ser ao mesmo tempo.

Enquanto para Parmênides nada muda, para Heráclito a única realidade é a mudança. Opondo-se ao pensamento de Parmênides, para quem nada muda, Heráclito afirmava que nada é permanente, que tudo muda, que a única coisa permanente é a impermanência, ou seja, a mudança.

Por isso, segundo Heráclito, ninguém toma banho duas vezes no mesmo rio, porque entre um banho e outro a própria água não será a mesma. O rio estará noutro estado instantâneo de seu eterno devir.

Pois da escola de Elea, fundada por Parmênides, foi aluno outro filósofo, que se celebrizou por seus sofismas, indo de modo radical ao encontro das ideias de seu mestre, tentando demonstrar em seus famosos paradoxos, entre outras coisas, a impossibilidade do movimento. Falamos de Zenon de Elea, que viveu aproximadamente entre 490 e 450 AC.

Seu mais famoso paradoxo, em que há incursões no conceito de divisibilidade do espaço e de soma de série com infinitas parcelas envolve uma corrida entre Aquiles, o mais veloz dos gregos, descrito por Homero na Guerra de Troia, e uma tartaruga, animal famoso por sua baixa velocidade de deslocamento na terra.

Zenon vai provar, argumentativamente, que Aquiles jamais alcançará a tartaruga. Para tanto, se socorrerá de considerações sobre limite da divisibilidade da matéria, considerando-o infinito, bem como da soma de infinitos tempos formando uma série numérica especial. Poder-se-ia dividir um espaço indefinidamente, até chegar a um espaço zero? E um espaço feito de zeros seria existente, mensurável?

Demócrito entendia que os átomos eram muito pequenos, mas indivisíveis, porque se pudéssemos dividi-los até o zero, teríamos dimensões de coisas a partir de soma de zeros, o que seria impossível.

Mas vamos a Zenon e à corrida entre Aquiles e a tartaruga.

Suponhamos que Aquiles tenha uma velocidade 10 vezes maior do que a da tartaruga e esta parta 100m à sua frente. Aqui o raciocínio do cínico (Zenon).

Para alcançar a tartaruga, Aquiles deverá percorrer os 100m que o separam dela. Quando Aquiles tiver percorrido os 100m, a tartaruga, que é mais lenta, mas se movimenta, terá percorrido 10m. Para emparelhar com ela, deve, agora, Aquiles percorrer 10m. Mas, quando tiver percorrido os 10m, a tartaruga terá avançado 1m. Aquiles percorre esse 1m, mas a tartaruga estará 0,1m à sua frente.

Desse modo, para alcançar a tartaruga, Aquiles terá que percorrer: 100m+10m+0,1m+ 0,01m+... numa série em que podemos colocar infinitos termos, todos positivos. Como, segundo argumentava Zenon, a soma de infinitos termos positivos será infinita, Aquiles só alcançará a tartaruga se conseguir percorrer uma distância infinita, o que é impossível, e é impossível porque o movimento não existe.

A maneira genérica de Zenon argumentar contra o movimento era: qualquer que se mova tem que percorrer uma distância *d*, para o que gastará um tempo *t*. Mas antes de percorrer a distância *d*, terá que percorrer sua metade e antes a metade da metade e, assim, *ad infinitum*.

Como a cada distância a ser percorrida corresponde determinado intervalo de tempo, haverá uma soma infinita de tempos, o que levará a um tempo infinito. Necessitamos então de um tempo infinito para nos movermos, percorrendo qualquer distância. Então o movimento é impossível, o movimento não existe.

Para os que afirmassem que continuamente estamos observando corpos em movimento, Zenon poderia repetir a frase de seu mestre: Não se confia no que se vê.

Mas estaria correto o raciocínio do filósofo, que nos impossibilitaria de provar a existência lógica do movimento, o que seria absolutamente contracfatual?

A matemática, no estudo das séries, resolve o problema, como veremos, mas, na esteira da monumental ideia de Demócrito envolvendo limite da divisibilidade, a Quântica demonstra que existe um espaço mínimo e um tempo mínimo, melhor dizendo, como se verá adiante, existe uma porção mínima do *continuum* espaço-tempo, um *quantum* de espaço-tempo impossível de ser reduzido a menor tamanho.

A solução matemática do paradoxo do movimento.

Consideremos o primeiro exemplo: para alcançar a tartaruga, Aquiles terá que percorrer uma soma de distâncias, 100m, mais 10m, mais 1m, mais 0,1m, etc. A sequência de distâncias no caso em epígrafe tem uma lei de formação. Cada termo, a partir do segundo, é igual ao anterior dividido por 10, ou seja, multiplicado por 1/10, um décimo.

Essa sequência é um exemplo do que em matemática se estuda como Progressão Geométrica Decrescente, e a matemática demonstra que, por mais termos que possamos colocar nessa série, a soma deles é limitada. Trata-se do limite da soma dos termos de uma PG decrescente, quando o número de termos tende ao infinito.

Se o leitor não gosta muito de cálculos, pode fazer um salto quântico sobre os três próximos parágrafos, sem que haja prejuízo no entendimento da conclusão. Em todo caso, o Ministério da Saúde Intelectual informa: Pensar faz bem à saúde.

A fórmula para calcular esse limite é A1/1-R, onde A1 é o primeiro termo da série – 100, no exemplo – e R, a quantidade constante por que se deve multiplicar cada termo, para obter o seguinte, chamada *razão* da progressão geométrica. No caso, 1/10.

A aplicação da fórmula nos dá como resultado o valor 111,111... que é uma periódica. Conclusão: a distância a ser percorrida não é infinita, nem demanda, consequentemente, um tempo infinito.

Antes de percorrer 111,12m, no caso, Aquiles terá alcançado a tartaruga. O paradoxo de Zenon é desconstituído matematicamente.

A conclusão, mesmo para quem saltou a fórmula matemática e sua exemplificação é que uma soma de infinitas parcelas não é necessariamente infinita e, assim sendo, para percorrer uma distância qualquer, mesmo que se raciocine que antes de percorrer o todo é necessário percorrer sua metade e, antes, a metade da metade, etc., o percurso a ser vencido é finito, limitado, logo não há impossibilidade de movimento.

Mas Zenon provocou o exercício da mais nobre atividade humana: pensar, raciocinar e formular raciocínios lógicos.

Entretanto, nem sempre se entende que uma soma de zeros seja zero, embora isso seja verdadeiro no mundo dos objetos físicos – considerando que há objetos físicos, formais e há uma corrente na lógica que considera também os chamados objetos platônicos.

Os objetos físicos, com que temos contato permanente, formam a base do mundo perceptível. São, de um modo geral, as cadeiras, casas, corpos, etc.

Os objetos formais são criação do pensamento humano. Com eles trabalham a lógica e a matemática, as duas únicas ciências formais. Não possuem materialidade. Elementos de geometria, como ponto, reta e plano, bem como os números, não têm existência física. São, como dissemos, criação da mente humana. Ninguém jamais viu ou pegou em suas mãos um número, pois este é uma ideia, um pensamento.

Há uma corrente na lógica que entende, de modo diferente, a existência dos objetos formais. Esses existiriam, num determinado *universo*, à espera de serem captados pela mente humana. Para essa corrente, mesmo que por um acidente de evolução não tivesse a humanidade adquirido a capacidade de abstrair, a ideia de número existiria, em algum lugar, no mundo, ou universo, à espera de ser captada.

Há, ainda, os que consideram um terceiro tipo de objeto, chamado objeto platônico. Exemplifiquemos:

Embora haja muitíssimos tipos de árvores, absolutamente diferentes entre si, desde um bonzai até uma gigantesca sequoia das florestas do Canadá, qualquer criança dirá que são árvores. O que há então por detrás de todas as árvores que nos permite nominá-las igualmente?

Não é uma propriedade ou objeto formal, uma vez que tem existência física, no sentido de material. Não é um objeto físico porque está em vários lugares ao mesmo tempo – no caso, está em todas as árvores.

É o que muitos chamam objeto platônico.

Mas voltemos ao problema do infinitesimal, mesmo do zero, formando, no terreno formal, algo extenso.

Os elementos fundamentais da geometria euclidiana são o ponto, a reta e o plano. São conceitos primitivos, o que quer dizer que não se definem, podendo, apenas, ser caracterizados.

Pois bem, um ponto é um ente geométrico zerodimensional. É um zero propriamente dito, o que significa que não tem comprimento, nem área, nem volume.

Um segmento de reta é um conjunto de pontos. Um conjunto denso.

Num conjunto denso, se considerarmos um elemento, no caso, um ponto, em qualquer vizinhança sua, de semiamplitude ε, tão pequena quanto se queira, haverá sempre pelo menos um elemento diferente do primeiro e pertencente ao conjunto.

Isso quer dizer que, se considerarmos um ponto de um segmento (pedaço) de reta e nos afastarmos dele, por menor que seja esse afastamento, encontraremos outro ponto distinto do primeiro.

É estranho, e mais seria se fosse aplicado ao mundo objetivo.

Num segmento de reta não há vazios, embora ele seja feito de vazios, pontos. Zeros amontoados, formando não zeros, elementos sem comprimento que juntos formam um comprimento limitado, segmento de reta. E ainda há mais. Juntando infinitos segmentos de reta, finitos, temos a reta, infinita, mas esses infinitos segmentos de comprimento finito são feitos de zeros, que não têm comprimento.

Juntando zeros, chegamos ao infinito. Ainda bem que estamos num mundo formal. Mas haverá surpresas equivalentes no chamado mundo real.

No mundo físico, dos átomos de Demócrito, o tamanho dos átomos não poderia efetivamente ser zero, porque no mundo objetivo a soma de nadas é nada e, aliás, esse nada não existe.

Entretanto, a Física é uma ciência empírico-formal, pois utiliza o formalismo das equações e experimentos objetivos, porque trabalha com objetos materiais – considere que a palavra *material* é limitada.

O surpreendente é que a matemática, ciência formal, tem sido a melhor linguagem para descrever a natureza e tem possibilitado a descoberta de partículas, antes da possibilidade de observá-las, no mundo subatômico, como, por exemplo, o bóson de Higgs.

Mas há um problema com o vazio que impactou a gravidade de Newton. Esse problema foi resolvido para a eletricidade e o magnetismo, mas para a gravidade, só teve solução a partir de Einstein.

PARTE IV
RELATIVIDADE

O CAMPO GRAVITACIONAL

Vamos ao Campo Gravitacional, indecifrável até a Teoria da Relatividade geral, publicada por Einstein em 1915, aos Campos Elétricos e aos Campos Magnéticos, e ao novo conceito de espaço e tempo. O tempo não é fixo. Vamos saber como muda e por que muda. Seremos surpreendidos pelas informações.

Chamamos a atenção para a presença indefectível da Filosofia, sempre que a mente humana busca explicações logicamente satisfatórias em todas as áreas do pensamento.

As grandes vertentes do pensamento da Física em sua busca para interpretar a natureza estão no pensar dos filósofos.

Já passamos por Abdera, Eleia, Mileto e podemos verificar facilmente que por aquelas regiões e outras da antiga Grécia situam-se as vertentes das grandes conquistas da ciência contemporânea, incluindo-se várias soluções encontradas por Einstein, originadas naqueles pensamentos.

Por isso, é nosso entendimento que a Física não pode ficar restrita a aplicações de leis que funcionam, abrindo mão da possibilidade, complexa, mas enaltecedora, de buscar as causas, os porquês – em que sempre insistiu Einstein –, sob pena de se transformar numa ciência de aplicativos práticos, que sabe o que acontece mas não quer saber – talvez esteja aí, mais uma vez, o medo do novo –, por que o Universo é como é.

Não se pode prescindir da Filosofia da Física se quisermos ter um conhecimento com confiabilidade e completude.

Falo em Filosofia da Física porque a expressão Filosofia da Ciência se tornou por demais abrangente. Um filósofo da ciência deveria dominar todo o conhecimento científico do seu tempo, nas mais diversas áreas. Kant possivelmente tenha sido o último a consegui-lo.

A pluralidade das ciências e sua riqueza impedem o domínio de todas e, por isso, falamos em Filosofia da Física.

Muitos estudantes, e não só estudantes, como também autores consagrados, com doutorado e pós-doutorado, denunciam que, no afã das muitas publicações exigidas para atingirem sua meta acadêmica e na necessidade de domínio e aplicação de cálculos complexos, desinteressam-se em saber por que e substituem a busca das causas pelo "como newtoniano" de que trataremos adiante.

O risco é de se formarem cientistas com visão exageradamente limitada a determinado foco, incapazes de uma visão de conjunto. Seriam uma espécie de práticos licenciados da ciência, desinteressados em solucionar enigmas mais profundos, que os tornaria aptos a responderem diante das estranhezas dos enigmas quânticos, o que a natureza está querendo nos dizer.

É preciso tempo para pensar, evitando que cheguemos a uma nova Babel, em que cada um fala uma linguagem que o outro não compreende. Vale o alerta de Bernard Shaw, já mencionado: O especialista é aquele que sabe cada vez mais sobre um terreno cada vez menor, o que nos leva a pensar que seu ideal seria chegar, um dia, a saber tudo sobre o nada.

Ironias e paradoxos à parte, é urgente lançar as bases de uma filosofia em consonância com a nova Física, coerentes com o novo paradigma para explicá-lo.

Já que os filósofos inspiraram tantas vezes a Física, não seria o momento de os físicos incursionarem, a partir do novo paradigma, sem preconceitos, no incomparável território da Filosofia? Penso que seja imprescindível.

Falamos no limite da divisibilidade, no campo físico e no campo formal.

Vamos a algo surpreendente: o conceito atual de espaço e tempo, que estabelece a certeza de que não são fixos.

DE NEWTON AO MOLUSCO DE EINSTEIN

Newton entendia o espaço e o tempo como sendo fixos. O espaço era o vazio existente entre dois corpos e o tempo era igual, fixo, em qualquer circunstância. Cinco minutos seriam sempre e em qualquer lugar cinco minutos. Haveria um agora universal.

Tudo isso mudou. Como?

Comecemos pela gravidade, pela Lei da Gravitação Universal.

A gravidade se transmite pelo espaço, e aí reside a primeira dificuldade. E a nascente do problema é apontada pelos filósofos gregos.

Demócrito, em sua teoria atômica, entendia que os átomos eram o ser e que entre os seres, átomos, estava o não ser. Uma espécie de não coisa que unia duas coisas. O problema grave, que se estende a Newton quando ressuscita o modelo de espaço de Demócrito, é que o não ser, a não coisa, o nada, não existe e, como tal, não pode ser veículo de transmissão, não pode ser o meio, porque é um não meio, um não existir, capaz de transmitir força e no qual as coisas se movem.

Soaria estranho dizer que uma coisa viaja até outra coisa percorrendo uma não coisa.

Pois Newton via o espaço vazio como o grande reservatório do Universo, por meio do qual os corpos celestes se movem e, ao enunciar a Lei da Gravidade, postulando, citando um caso, que a Terra exerce uma força sobre a Lua, não tinha condições de explicar como essa força poderia ser transmitida por meio do vazio, do nada, do não ser, que era seu conceito de espaço. Seu espaço era o não ser que continha um Universo e, assim, seria um não ser que existe. Um não ser que existe deixa de ser um não ser e o princípio do terceiro excluído, da Lógica de Predicados de Primeira Ordem, resta violado.

Esse princípio afirma que não é possível A e -A (não A), ao mesmo tempo e no mesmo lugar. Não é possível *ser* e *não ser*, ao mesmo tempo.

Newton, então, num lance de esperteza genial, para se livrar dos porquês, estabeleceu um enunciado inovador, com base em aparências, que possibilitou cálculos de boa aproximação e possibilitou o esquecimento da investigação das causas.

Certamente não lembrou Parmênides e seu: "não se confia no que se vê".

Eis o enunciado de Newton, para muitos o primeiro enunciado científico da história da humanidade e que teria originado a "filosofia do como se": *Na natureza, tudo se passa **como se** entre dois corpos **houvesse** uma força de atração, diretamente proporcional ao produto de suas massas e inversamente proporcional ao quadrado da distância entre seus centros de massa.*

Nascia, então, em que pese a possibilidade de permitir cálculos bem aproximados, uma acomodação consagrada mais tarde pelo manifesto de Copenhagen, em relação a enigmas da Física Quântica, quando os cientistas responsáveis pelo manifesto abriram mão de pesquisar porque determinados eventos ocorrem, partindo para a ideia de que, se determinados princípios funcionam, resta aplicá-los, sem indagar sua natureza, isto é, por que funcionam.

Falaremos em detalhes sobre a posição de Copenhagen e os mistérios que eram enfrentados, alertando, desde já, que Einstein jamais concordou com essa posição que dispensa a Filosofia.

Aliás, retomando o enunciado de Newton e a chamada "filosofia do como se", entendo o seguinte:

Um "como se", por sua própria natureza, não é em essência. É uma aproximação entre o parecer e o ser, que desiste de alcançar.

Em que pese a tentativa de aproximação, uma semelhança não é uma congruência e o como se, de fato, é um não é. Concluímos, então, que a chamada "filosofia do como se" é uma não filosofia, uma fuga da questão filosófica central, a ontologia e, por consequência, como não filosofia, não é filosofia.

Antes de prosseguir, devemos aqui fazer o mais sincero reconhecimento à genialidade de Newton, admirado e citado com louvor por Einstein, embora este apresentasse várias correções à obra daquele.

Newton, juntamente com Gottfried Leibniz, filósofo e matemático alemão, criou o cálculo diferencial e integral, a mais importante ferramenta da matemática. Nunca trabalharam em conjunto, mas chegaram ao mesmo tempo, em lugares diferentes, a uma obra de gênio.

Seria o momento adequado na evolução? Não posso deixar de me lembrar do macaco número 100.

Newton, que dedicou parte de sua vida a estudos místicos, chamava o espaço vazio de sensório de Deus e é dele a frase extraordinária sobre o conhecimento:

"O que sabemos é uma gota, o que ignoramos é o oceano. Mas o que seria o oceano se não as gotas?"

Voltemos à gravitação e ao problema da força e sua transmissão.

E como foi resolvida a questão?

Por etapas.

Primeiramente surgiram os estudos a respeito da força entre cargas elétricas e deles, a noção de campo. Pensou-se numa aproximação com um Campo Gravitacional, mas essa restou irrealizada e a solução veio com o "molusco" de Einstein na Relatividade Geral.

Vamos a um passo a passo nessa monumental construção do pensamento humano.

Se há uma força entre massas, de um modo geral, considerando o caso Terra-Sol, em particular, o que transporta essa força?

A resposta a essa pergunta veio com o estudo dos fenômenos elétricos e magnéticos. Sabemos que duas cargas elétricas, ou corpos eletrizados, colocados a uma certa distância um do outro se atraem ou se repelem com determinada força.

A pesquisa dos fenômenos elétricos e magnéticos foi muito lenta no século XVIII, ganhando expressão cada vez maior no século XIX.

Charles Augustin de Coulomb, em 1784, utilizando uma balança de torção, constatou que as forças de atração e repulsão entre duas cargas puntiformes (entenda-se corpos muito pequenos, eletricamente carregados) depende do meio que as separa e é diretamente proporcional ao produto das cargas e inversamente proporcional ao quadrado da distância entre elas.

Embora para muitos físicos isso fosse suficiente para o estudo das ações entre corpos carregados, restava uma dúvida, igual à que se manifesta no estudo da atração gravitacional.

A força entre cargas depende do meio em que se propaga, mas também se manifesta no vazio e, no caso, o nada poderia transportar essas forças?

Para o grupo mais acomodado, avesso a porquês e adorador do "como", a fórmula de Coulomb permitia calcular com precisão o valor da força entre cargas, e o resto era divagação filosófica. O enigma do transporte da força, existente na gravitação, aparecia outra vez. Não dava para sempre varrê-lo para debaixo do tapete.

Michael Faraday ficou intrigado com a possível – ou impossível – ação de forças à distância. A curiosidade é o motor do conhecimento. Faraday era pobre, filho de um ferreiro e aprendiz de um encadernador de livros.

Conseguiu emprego como assistente no laboratório de um divulgador, palestrante sobre aspectos populares da ciência, sir Humphrey David e, nesse emprego, logo recebeu permissão para realizar experimentos a respeito das atrações e repulsões elétricas, com a enorme curiosidade de saber o que as transmitia.

Extremamente intuitivo – e aqui lembramos Fred Allan Wolf, Ph. D. em Física Quântica, que afirma ser a intuição uma importante ferramenta de pesquisa –, Faraday escreveu interessante livro de Física, sem qualquer fórmula matemática.

Trabalhando com corpos eletrizados e verificando seu comportamento, teve seu momento de "eureca". Viu algo novo, e com essa visão ampliou a estrutura do mundo, acrescentando-lhe um novo elemento primordial: o campo.

Postulou Faraday que uma carga cria uma influência, um ente ao seu redor: um campo. Esse campo, real, difuso pelo espaço, é modificado pela presença de portadores de eletricidade e magnetismo e repele e/ou atrai corpos eletrizados ou magnetizados.

Assim, dois corpos eletrizados não se atraem ou repelem diretamente e por si sós. Fazem-no por meio do campo que existe entre eles.

Faraday imaginou o campo formado por linhas, que no caso de cargas de sinais contrários nascem nas cargas positivas e terminam nas negativas (figura abaixo). Essas linhas foram chamadas linhas de força, porque são elas que transportam as forças que as cargas fazem surgir umas sobre as outras.

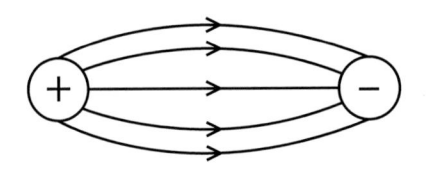

Mas a acomodação, a resistência ao novo, não perdoa.

Acomodados com o fato de que a fórmula de Coulomb era suficiente, uma vez que funcionava, para tratar dos fenômenos elétricos, desprezavam Faraday, até por sua origem humilde, e passaram a chamar as linhas de força de "bengala mental de Faraday".

Essa bengala magicamente cresceu e hoje é um dos alicerces sobre os quais se apoia a Física contemporânea.

Faraday previu, também, que o movimento de cargas elétricas criaria um campo magnético, radiação eletromagnética.

Também entendeu que existiria um campo, que chamou campo remoto, mesmo depois que, por neutralização recíproca, as cargas não mais existissem, vale dizer, os corpos carregados se tivessem neutralizado.

A comprovação desse entendimento tornaria o campo uma coisa fisicamente real por si só. Houve a comprovação.

Mais tarde, James Clerk Maxwell traduziu a explicação, antes dada por meio da palavra, da monumental intuição de Faraday, para a linguagem oficial da Física, em que, ao contrário de Faraday, transitava com desenvoltura. Falamos da matemática.

Maxwell descreve em 4 brilhantes equações o comportamento da luz. O "Faça-se a Luz", em termos matemáticos. As vibrações das linhas de Faraday corresponderiam às Radiações Eletromagnéticas (REM = luz). Além do funcionamento da eletricidade e do magnetismo, surgia a compreensão da natureza da luz.

Mas, o problema da gravidade quedava irresolvido.

Poder-se-ia pensar em aplicar a ideia de campo também à gravitação e estender o conceito de linhas de força ao campo gravitacional, mas havia incompatibilidade, principalmente no que se refere à velocidade de transmissão entre as equações de Maxwell e as de Newton.

De um modo simples, em que pesem as semelhanças, inclusive no cálculo da força elétrica e da força gravitacional, existem contradições.

Qual, então, a explicação para a atração gravitacional?

Essa explicação surgiu a partir daquele que, mesmo errado em algumas discussões, principalmente com Niels Bohr, foi quem melhor pensou a Física: Albert Einstein.

Ao examinarmos sua solução para o enigma, começaremos a nos defrontar com uma série de surpresas que modificarão nosso pensar, como modificaram radicalmente os conceitos de espaço e tempo, cuja discussão tangenciamos anteriormente.

Vamos examinar o Universo do Dr. Einstein a partir de sua histórica carta despretensiosa a um amigo, em 1905, que passou a ser considerado *o ano da Física*.

A CARTA DE 1905 – UMA AMOSTRA DO UNIVERSO DO DR. EINSTEIN

Sendo quase tudo que se refere a Einstein amplificado por lendas, a ponto de dificilmente sabermos o que é real e quais os créscimos, vamos utilizar dados fornecidos pelo maior e mais reconhecido de seus biógrafos, Walter Isaacson.

Quando criança, tinha enorme dificuldade para falar. Sabedor dessa dificuldade, costumava pronunciar frases para si mesmo, em voz baixa, até entender que estava pronunciando tudo corretamente, para, só então, dizê-lo em voz alta. Seus pais, preocupados com sua dificuldade para falar, chegaram a consultar um médico, e sua irmã mais jovem, observando que cada sentença que ele pronunciava era precedida de repetições para si mesmo, movendo levemente os lábios, informou que a dificuldade de Einstein com a linguagem era tal que as pessoas que com ele conviviam temiam que ele jamais aprenderia.

Na Escola Politécnica de Zurich, que frequentou entre 1896 e 1900, onde entrou aos 17 anos, tinha mais propensão para intuir a Física do que para os estudos de matemática, e a Física teórica começava a ganhar impulso como disciplina acadêmica nos anos 1890.

Em seu período de estudo na politécnica, Einstein sempre obteve nota 5 ou 6 em seus cursos de Física Teórica. Daí decorrem várias informações absolutamente equivocadas, segundo as quais Einstein obtinha notas medíocres. A realidade é que a escala era de 6 pontos, sendo, portanto, 6 a nota máxima. Já em matemática, seu grau costumava ser 4, na mesma escala.

Nessa época declarou: "Não estava claro para mim, como estudante, que um conhecimento mais profundo dos princípios básicos da Física estivesse amarrado com os mais intrincados métodos matemáticos".

A matemática muitas vezes lhe fez falta, obrigando-o a recorrer, como veremos, a *experts* naquela disciplina para descrever na linguagem acadêmica suas geniais concepções referentes ao Universo.

Na própria elaboração da teoria da gravidade, quando estava a lutar com princípios da Geometria, foi obrigado a apelar para a ajuda de um professor de matemática que uma vez o havia chamado de cachorro preguiçoso.

Einstein, mais amadurecido, reconhece o erro de avaliação quando, em conversa com um jovem colega, afirma: "Quando muito jovem eu acreditava que um físico de sucesso precisaria saber só um pouco de matemática elementar. Mais tarde, com grande arrependimento, convenci-me de que minha assunção estava completamente errada.

Esse pensamento não deve impedi-lo, caro leitor, de continuar a leitura deste livro, pois as grandes vertentes, os grandes pensamentos da Física serão apresentados de modo compreensível facilmente, sem a tradução para a matemática.

Após a conclusão de seu curso de Física, com média 5,7, numa escala de 6, não sendo aceito, como professor de Física na Politécnica de Zurich, o jovem Einstein consegue emprego no departamento de patentes de Berna, Suíça, como examinador de terceira classe.

Nada disso parou sua mente inquieta, e, em maio 1905, a carta de um gênio, examinador do departamento de patentes de Berna, modificou a visão de mundo da ciência.

Na carta enviada a um amigo, Einstein começa dizendo: *Eu te prometo quatro papers.*

Dirige-se, então, ao amigo, em tom de brincadeira, tratando-o por *baleia gelada* e desculpando-se por escrever uma carta que era uma *inconsequente conversa ininteligível (inconsequential babble)*

A inconsequente conversa de Einstein tratava de quatro temas:

O primeiro lidava com radiação e as propriedades energéticas da luz. Argumentava que a luz pode ser considerada não somente como uma onda, mas também como um fluxo de pequeníssimas partículas chamadas *quanta*.

Essa teoria a respeito da luz valeu a Einstein o prêmio Nobel em 1922, pois explicava o efeito fotoelétrico.

O próprio Einstein afirmava na carta que essa ideia era altamente revolucionária. As implicações decorrentes dessa teoria levam a um cosmos sem causalidade rígida ou certeza.

Isso coloca Einstein entre os criadores da Física Quântica, em que pesem algumas restrições que fez a essa disciplina, que, no entanto, bem compreendidas não se referem aos fenômenos bizarros da quântica, mas, sim, aos limites da investigação.

Examinaremos toda essa questão em capítulos seguintes.

O segundo *paper* permitia a determinação do real tamanho e massa dos átomos. A própria existência dos átomos era posta em dúvida por muitos físicos naquele tempo.

Todos nós já observamos, certamente, o movimento de partículas de pó num raio de luz, ou sobre uma superfície líquida. Esse movimento se chama movimento browniano, em homenagem ao botânico escocês Robert Brown, que publicou, em 1828, observações detalhadas a respeito do movimento de minúsculas partículas de pólen suspensas na água.

Observando esse movimento que ocorre nas micelas de um coloide, Einstein calculou a partir dos impactos sofridos por pequenas partículas flutuando num líquido, que causavam desvios, produzindo trajetórias irregulares, a massa dos átomos que as impactavam e a não continuidade desses na massa de ar. Falamos de um meio granulado.

Em resumo, provava-se ali a existência dos átomos, até então questionada, e sua massa.

Foi o estudo desse movimento que mostrava uma ação do invisível sobre o visível, o fulcro da tese de doutorado apresentada por Einstein em 1905.

Dissolvendo açúcar em água e estudando a gradual difusão das moléculas de açúcar por meio das menores, da água, ele conseguiu com duas equações e duas variáveis – o tamanho das moléculas de açúcar e seu número – chegar a um resultado, com experimento num meio líquido, para o número de Avogadro.

Avogadro estabeleceu que nas condições normais de temperatura e pressão, um mol (molécula-grama) de qualquer gás ocupa um volume de 22,4l, determinando também quantas moléculas haveria nesse volume.

O número de moléculas é o chamado número de Avogadro.

É interessante observar que os primeiros cálculos não foram corretos. Einstein encontrou o valor de $2,1 \times 10^{23}$. Esse erro levou o editor Paul Drude, que não gostava de Einstein e já havia tentado ridicularizá-lo, a recusar a publicação, afirmando dispor de melhores dados sobre as propriedades das soluções de açúcar.

Usando novos dados, Einstein chegou a um valor mais aproximado: $4,15 \times 10^{23}$.

Poucos anos após, um estudante francês testou a aproximação de Einstein, descobrindo novo valor. Einstein pediu a um assistente em Zurich para revisar todo o trabalho. Encontrou um erro menor, que quando corrigido produziu um resultado de $6,25 \times 10^{23}$, resultado respeitável.

Mas, o mais interessante é o que segue.

Talvez em tom de brincadeira, mas com conteúdo importantíssimo a respeito da avaliação de trabalhos universitários pela sua extensão, às vezes mais do que por seu conteúdo – o que costumo chamar avaliação por peso e volume –, Einstein, referindo-se ao comportamento de um avaliador, disse:

– Quando submeti minha tese à análise, o Professor Kliner rejeitou-a por ser muito curta. Então, adicionei uma frase, e ela foi prontamente aceita.

A mania do número muito grande de publicações e da extensão de caracteres, para a obtenção dos títulos universitários, privilegiando muitas vezes a quantidade em detrimento da qualidade e da criatividade, denunciada por Einstein, continua vigente e, como veremos, apoiada de modo elítico pelo manifesto de Copenhagen.

Fiquemos atentos a isso!

O terceiro *paper*, estudava esse tipo de movimento, que vemos ao observar a poeira num raio de sol, numa sala sem vento, ou mesmo o pozinho a se mover sobre uma superfície de líquido em repouso. Esse movimento de partículas microscópicas foi descrito por meio de um cálculo matemático que envolve a análise estatística das chamadas colisões randômicas, isto é, aleatórias.

O quarto *paper* é um provocador resumo nesse ponto. Trata-se, em termos técnicos, de uma eletrodinâmica de corpos em movimento e emprega uma modificação imensa nos conceitos de espaço e tempo. É disso que trataremos para explicar nosso enigma anterior a respeito da gravitação, sua força e sua transmissão no espaço. Será uma extraordinária mudança de paradigma. Um convite a ver o que não estávamos preparados para ver, e isso, certamente, é bem mais do que uma inconsequente conversa fiada. Foi descartada a teoria newtoniana do espaço e do tempo.

Esse mesmo *paper* foi baseado em experiências realizadas mais na cabeça de Einstein do que em laboratórios. Ficaram conhecidas como "Experiências de Pensamento". Entre elas existe a do elevador espacial, em que Einstein mostra que se um observador estiver num elevador espacial, no chamado espaço vazio, se esse elevador se mover para cima, em relação à posição do observador, com movimento acelerado, o observador sentir-se-á atraído para baixo, como, no nosso caso, em relação à Terra. Se o elevador estiver em MRU, a sensação do observador será a mesma que no elevador parado.

Estamos diante da Teoria da Relatividade Especial, ou, Restrita.

Nesse mesmo ano, foi produzido um quinto artigo, consequência do anterior, estabelecendo uma ruptura na até então sólida fronteira que separava a matéria da energia. Ficou estabelecida a medida da energia que se produz quando uma massa "m" de matéria se transforma em energia.

Nascia aquela que figura talvez em primeiro lugar na relação de fórmulas mais conhecidas da Física: $E = mc^2$.

Mais uma fronteira proibida era atravessada, ignorada, pela evolução do pensamento. Na fórmula, "m" é a massa que se transmuta e "c^2" é a velocidade da luz ao quadrado.

Vamos continuar um pouco mais no Dr. Einstein e seu universo, em linhas gerais, para, depois, retomarmos a discussão da Gravitação Universal.

ALGUMAS IDEIAS – DEUS?

Vamos examinar um pouco mais do pensamento do maior gênio da Física e suas consequências. Seu modo de entender o mundo e seu espírito sempre curioso, unindo a curiosidade da criança com a capacidade de exame do adulto.

Como ele mesmo diz:

– Quando pergunto a mim mesmo como aconteceu de eu, particularmente, descobrir a Teoria da Relatividade, esse fato parece repousar na seguinte circunstância: "Um adulto normal nunca ocupa sua cabeça com pensamentos sobre espaço e tempo. Essas são coisas que o adulto pensou quando criança. Mas eu me desenvolvi tão lentamente, que comecei a me maravilhar com o espaço e o tempo quando já tinha crescido. Consequentemente, eu investiguei mais profundamente o problema do que o faria uma criança como tal."

Aqui a genialidade de Einstein identifica um amadurecimento em que a curiosidade da criança não se apaga. E dela decorre a investigação sem fronteiras que conduz às novas descobertas.

O camelo, depois leão, de Nietzsche, deve se transformar em criança, assim como o adulto de Jesus, para vencer, para atingir a plenitude, para conhecer a verdade. Não se pode deixar de pensar nessas figuras ao verificar aquele adulto que pode ser criança por mais tempo, tirando proveito dessa situação, na autodescrição de Einstein.

Einstein também declarou ser a imaginação mais importante do que o conhecimento. Provando isso, com suas experiências de pensamento enriqueceu o saber então vigente.

Fugindo sempre da ideia de manada, característica dos acomodados e pacientes de lavagem cerebral, o que é recorrente em política, afirmou: *É importante fomentar a individualidade, porque só o indivíduo pode produzir novas ideias.*

Seu biógrafo Isaacson pergunta: Suponha, como uma experiência de pensamento que ele se parecesse – na observação do mundo – com Niels Bohr ou Max Planck. Teria permanecido em sua órbita reputacional como um mero gênio da ciência? Ou teria ainda feito o salto para o *panteon* habitado por Aristóteles, Newton e Galileu?

Seu biógrafo crê na segunda hipótese.

O trabalho de Einstein tem um caráter tão pessoal, um selo, uma marca que o tornam reconhecidamente seu, assim como um Picasso ou um Dali são reconhecidamente um Picasso ou um Dali.

Naturalmente bem distinto dos trabalhos de conclusão, mestrados e doutorados construídos a partir de CTRL C e CTRL V, – comandos de computador para copiar e colar –, que frequentam com assiduidade alguns trabalhos acadêmicos.

Einstein foi sempre um não conformista e uma espécie de rebelde reverente, marcas que ficam evidentes em sua personalidade e posição política.

Seus instintos até imprudentes que lhe serviram muito bem como jovem cientista, capaz de ter a coragem de criar e afrontar velhos paradigmas, tornaram-no alérgico a nacionalismo exacerbado, militarismo, qualquer coisa, enfim, que conduzisse a uma mentalidade de manada.

Absolutamente contrário à guerra, até que as atrocidades de Hitler fizeram-no mudar de ideia.

Sua visão de cidadão do mundo levou-o a produzir a seguinte resposta ao ser entrevistado sobre quais seriam as consequências de uma comprovação ou não de sua teoria sobre a luz, prestes a ser confirmada ou refutada pela observação de um eclipse.

Disse: *A primeira consequência é bastante simples:*
– Se for demonstrado que minha teoria está correta, os alemães dirão que sou alemão e os judeus, que sou judeu. Comprovado o erro, os alemães dirão que sou judeu e estes, que sou alemão.

Caracterizava-se esse gênio, também por seu caráter humanitário e simples. Como sempre foi contestador, costumava dizer, em tom de blague: *"Para me punir por meu desprezo pela autoridade, o destino fez de mim mesmo uma autoridade"*. Do eterno buscador da harmonia conta-se outra história interessante:

Einstein estava em casa, pensão, conversando com a proprietária, quando escutou alguém tocando uma sonata de Mozart ao piano. Imediatamente perguntou de quem se tratava, tendo a senhoria informado que era uma senhora que morava na próxima porta do sótão e que dava aula de piano. Einstein agarrou seu violino e saiu em direção ao cômodo de onde vinha a música, sem mesmo vestir camisa e gravata, como seria de bom tom, de acordo com os costumes da época.

Embora advertido pela dona da pensão, estava, em seguida, na sala do piano. A professora olhou-o, um tanto chocada, mas disse: *Adiante, toque!*

Em poucos minutos, o som de um violino vibrava no ar, acompanhando o piano.

Mais tarde, a professora perguntou à senhoria quem era o intruso acompanhante. A resposta foi: *Simplesmente um inofensivo estudante.*

A música não era para Einstein uma simples fuga ou distração. Representava uma conexão entre a harmonia que sublinhava o Universo, em que ele sempre acreditou, e o gênio criativo dos grandes compositores, que, em si mesma, dizia muito mais do que palavras poderiam expressar.

Einstein se sentia maravilhado pela música e pela Física, pela beleza de suas harmonias.

Pensava num universo harmonioso, numa ordem subjacente ao caos aparente e num regente dessa harmonia, talvez numa inteligência suprema, num supremo arquiteto, cujas intenções buscava perceber, dizendo, em sua convicção da existência de um projeto, que Deus não joga dados, frase recorrente em suas discussões com Bohr.

Haveria uma realidade harmoniosa sublinhando as leis do Universo? Einstein sentia assim e entendia que o objetivo da ciência era descobri-la.

Quanto ao conceito de Deus, Einstein estava em desacordo com um deus pessoal, intervencionista, antropomorfizado, caracterizado no pensamento antigo, hoje em reformulação em suas próprias origens, das religiões tradicionais. Vamos a dois exemplos:

O primeiro: Num almoço em Berlim, na sequência de rápida discussão sobre astrologia, um ateísta afirmou que acreditar em Deus é o mesmo que superstição. Fez-se um silêncio, porque era sabido que Einstein, que estava presente com sua esposa, alimentava algumas crenças que poderiam ser consideradas religiosas.

Dirigindo-se ao físico, o ateu perguntou-lhe se era, de fato, religioso.

"Sim, você pode chamar assim", foi a calma resposta. "Tente penetrar com nossos limitados significados os segredos da natureza e você achará por detrás de todas as leis e conexões discerníveis, permanece algo sutil, intangível e inexplicável. A veneração por essa força além de qualquer coisa que podemos compreender é minha religião. Nessa extensão, eu sou, de fato, religioso."

O segundo: A concepção de um espírito cósmico impessoal, bem como as teorias sobre a relatividade, desagradavam os prosélitos de um deus intervencionista e, se examinarmos bem, parcial.

Descontente com o pensamento de Einstein sobre Deus e não entendendo haver clareza em suas manifestações a respeito, o Cardeal de Boston William Henry O'Connel manifestou-se no sentido de que Einstein seria um homem sem deus e sua teoria um caldo de cultura para o desenvolvimento do ateísmo.

A discussão em torno do tema começou a gerar um clamor público, o que levou o conhecido líder judeu de New York Rabino Herbert S. Goldstein a mandar a Einstein um telegrama absolutamente direto, dizendo: *Você acredita em Deus? Ponto. Resposta paga. 50 palavras.*

Interessante observar a tendência maniqueísta que muitas vezes cultivamos: "Sim ou não", "Bom ou mau", que levam a respostas simplórias, quando muitas vezes a questão invade o território da lógica *fuzzy*, que entende existir extensa gama de valores entre o sim e o não na análise de questões mais profundas.

A Física Quântica, cujos mistérios analisaremos, modifica o chamado princípio do terceiro excluído, da lógica de predicados de primeira ordem que, por ser excludente, entende que não pode ser A e Ã ao mesmo tempo e num mesmo lugar.

Esse princípio é válido, no entanto, para questões que, por natureza, não admitem o dualismo. Diferente do caso onda-partícula.

Mas, voltemos ao telegrama. Einstein usou menos do que o exigido. Respondeu com pouco mais de 30 palavras:

— Eu acredito no Deus de Spinoza, que se revela na harmonia plena das leis de tudo o que existe, mas não num Deus que se envolve com o destino e os feitos da espécie humana.

Em relação a Spinoza, condenado em Amsterdam de modo absolutamente cruel e desumano pelo rabino da comunidade judaica e também excomungado pela Igreja Católica, o que mais Einstein admirava, além da ideia a respeito de Deus, era sua contribuição ao pensamento moderno, por ter sido o primeiro filósofo a tratar do corpo e da alma como uma unidade e não como duas coisas separadas.

Einstein, como verdadeiro cientista e pensador, sabia valorar seres humanos, filósofos e religiosos, mesmo não concordando com a integralidade de suas ideias.

Nunca foi cristão, mas perguntado sobre a existência histórica, verdadeira, de Jesus, eis a resposta:

— Inquestionavelmente! Ninguém pode ler os evangelhos sem sentir a real presença de Jesus. Sua personalidade pulsa em cada palavra. Nenhum mito é preenchido com tal vida.

Seria tão bom se todos os cristãos pensassem assim e assim se sentissem ao ler o Evangelho...

Einstein jamais participou da fúria voltada por alguns ateus contra a religiosidade e a existência de Deus. Numa ocasião, declarou a um amigo:

– Há pessoas que dizem que Deus não existe, mas o que me deixa com raiva é que eles me citam para apoiar essa visão

Diferentemente de Freud, Marx, Bertrand Russel, Einstein nunca sentiu necessidade de denegrir aqueles que acreditam em Deus. Ao invés disso, sua tendência era atacar os ateístas, de modo especial os raivosos.

"O que me separa dos assim-chamados ateístas", disse, "é um sentimento de profunda humildade acerca dos inatingíveis segredos da harmonia do cosmos".

Sobre os ateístas que se comprazem em atacar a própria ideia de Deus, disse:

– São como escravos que ainda estão sentindo o peso de suas correntes que jogaram fora depois de duro esforço. São criaturas que, em seu ciúme contra a religião tradicional como 'o ópio das massas' não conseguem ouvir a música das esferas.

Estendemo-nos um pouco sobre detalhes da personalidade e das ideias de Albert Einstein. Impossível deixar de ter verdadeira veneração por esse gênio-criança.

Vamos retomar nosso caminho pela Física e ver como foi explicado o problema da gravidade, envolvendo a força, o tempo e o espaço, como referimos no começo deste capítulo.

A RELATIVIDADE GERAL – ESPAÇO E TEMPO NÃO FIXOS

Retomando o problema de Newton.
Como se transmite a força gravitacional? Essa força com que o Sol atrai a Terra e esta nos atrai se transmite no vazio?

Poderíamos falar em um campo, à maneira de Faraday e Maxwell no estudo das ações elétricas e pensar em linhas de força gravitacionais?

Praticamente dois séculos após a formulação de Newton para a gravidade, Faraday encontrou a solução para o transporte da força elétrica entre duas cargas: a força é transportada pelos campos elétricos e magnéticos, mas restava inexplicada a transmissão da força gravitacional, restava descobrir algo entre o Sol e a Terra capaz de transportar essa força.

Pois a solução revolucionária, contraintuitiva, veio em 1915, com a Relatividade Geral, quando Einstein se perguntou: O espaço, supostamente vazio, nada podendo transmitir como tal, não seria o próprio campo gravitacional? E nele espaço e tempo não formariam um *continuum*?

Vamos ao problema:

Já examinamos a ideia de espaço vazio, predominante de Demócrito a Descartes, e a impossibilidade de entendê-lo como algo que "não sendo" poderia servir de veículo para transportar qualquer ente físico.

Essa figura do espaço vazio, fixo, contendo todo o universo, uma espécie de nada sendo a caixa do cosmos, bem como o modelo de tempo fixo se tornaram familiares para o observador comum.

Einstein deveria resolver dois grandes problemas, e o fez com uma única teoria, uma só equação. Tratava-se de descrever o campo gravitacional, capaz de transportar a força da gravidade e descobrir o que era o espaço de Newton.

A magistral solução, completamente modificadora dos conceitos de espaço e tempo, entendeu que o famoso espaço de Newton, que considerávamos um vazio, era o próprio campo gravitacional. Podemos dizer, o que é válido, a mesma frase em sentido contrário: o campo gravitacional é o espaço.

Saltamos de um mundo feito de espaço, tempo e partículas para um mundo de campos e partículas.

Enquanto o espaço newtoniano é plano e fixo, o campo gravitacional, por se tratar de um campo, é algo que se move e que, como o campo de Maxwell, ondula e pode ser descrito por equações.

O espaço não é mais o vazio – grande complicador das análises filosóficas, o nada por meio do qual se vai de uma coisa, um não-nada, a outra –; passa a ser um dos componentes materiais do cosmos, uma entidade real que, na expressão do físico Carlo Rovelli, ondula, se curva, se distorce.

Segundo a expressão de Einstein, não estamos contidos num vazio; estamos imersos num gigantesco *molusco* flexível que se dobra pela presença de grandes massas.

O espaço-tempo – e não apenas o espaço – é o que se curva.

Isso elide o problema da transmissão da força entre o Sol e a Terra, por uma razão muito simples: não existe essa força.

Sendo assim, o que faz os planetas girarem em torno do sol? A curvatura do espaço-tempo, as dobras do grande molusco.

Vamos a um exemplo:

Imagine o leitor uma cama elástica bem esticada. Uma bolinha de gude, jogada sobre essa superfície prosseguirá seu movimento em linha reta. A cama elástica é comparada ao espaço-tempo.

Num dado momento, colocamos uma esfera pesada no centro dessa cama elástica. A presença dessa esfera, com sua massa, provocará uma deformação em parte da superfície, antes plana. Agora, uma bolinha jogada com velocidade alta, passará a girar em torno da esfera e, não fossem os atritos, tendo velocidade suficiente, permaneceria em órbita.

Nenhuma força foi exercida pela esfera maior sobre a bolinha. Essa apenas seguiu o caminho determinado pela curvatura do espaço-tempo, criada pela presença da esfera.

Assim, a presença do Sol, para falar em nosso sistema, encurva o molusco de Einstein e nessas curvaturas, com uma velocidade apropriada a cada órbita, se movem os planetas.

Tornou-se desnecessário explicar a transmissão de uma força por meio de um não ser. O não ser, espaço, passou a ser e a força, boa integrante do elenco do "como se", passou a não ser.

Restava a Einstein, para dar à teoria uma vestimenta acadêmica, para dar-lhe objetividade física, descrever a tal curvatura do molusco.

Absolutamente necessária a matemática, e foi Carl Friedrich Gauss, o maior matemático de seu tempo, que estabeleceu as equações que descrevem a superfície do molusco.

Mas vamos a consequências práticas.

Diferentemente do que pensamos, imersos há dois séculos no paradigma newtoniano, o tempo não é fixo. Vamos verificar como muda, começando pela inexistência da simultaneidade, por meio do célebre exemplo do vagão de Einstein.

Muitas das novas leis da Física, envolvendo a Relatividade e a Física Quântica, serão contraintuitivas, contrariando o chamado senso comum. Nesse caso, lembramos a frase de Einstein: "Senso comum é o conjunto de preconceitos sedimentados na mente antes da idade dos dezoito anos".

A SIMULTANEIDADE RELATIVIZADA – ESPAÇO E TEMPO FLEXÍVEIS

Vamos demonstrar, imaginando um vagão de trem que passa em alta velocidade por uma plataforma de embarque. Nosso observador O_1 está de pé na plataforma e O_2 dentro do vagão, em repouso em relação ao trem, que se move, da esquerda para a direita, em relação ao observador parado na plataforma.

Quando o vagão está passando pela plataforma, dois feixes de luz atingem, ao mesmo tempo, a parte dianteira e traseira do vagão. Assim será visto, relatado e fotografado pelo observador na gare.

Já o observador dentro do vagão terá uma percepção completamente diferente. Como se move, junto com o trem, no sentido da luz que chegou na frente do vagão, perceberá o feixe de luz à sua frente antes de perceber aquele que atingiu a traseira do vagão.

Em outros termos, verá a luz que chega na frente do vagão, antes de receber a que chegou atrás e, consequentemente, dirá que a luz que iluminou a frente do vagão chegou antes daquela que incidiu sobre a traseira. Verá a frente ser iluminada antes de a parte posterior receber luz. Assim, o que aconteceu ao mesmo tempo para um observador aconteceu em tempos diferentes para o outro.

Não se trata de saber quem tem razão. Ambos a têm. Não há um agora universal. Não há. Segundo Einstein, o tempo não pode ser definido como absoluto e há uma inseparável relação entre tempo e velocidade do sinal. No caso do exemplo do vagão, uma das experiências de pensamento de Einstein, segundo o próprio, não há modo de dizer se dois eventos são simultâneos ou não.

Será que essa observação, absolutamente científica e inequívoca, não é, dentro de uma visão filosófica a ser evocada como indicadora de nosso modo de praticar a tolerância, um convite a evitarmos posições radicais?

O entendimento dos mecanismos e das leis que regem a natureza pode e deve servir de modelo a nosso modo de entender não somente o universo exterior, mas também o rico universo de nossas relações.

Voltemos ao molusco de Einstein. O espaço-tempo se curva em presença de grandes massas, sendo que mais para baixo, pedindo licença para usar a expressão, quer dizer, mais próximo à concentração de grandes massas, o tempo se encurta.

Assim, nas proximidades de um buraco-negro, um viajante espacial passaria, digamos, sete segundos e na Terra, ao mesmo tempo, que sentimos não é um mesmo tempo, se passariam dias, meses, ou anos, dependendo da proximidade entre o viajante e o buraco-negro e da massa deste.

Então, o viajante envelheceria alguns segundos e na terra envelheceríamos meses, anos...

Nesse diapasão, podemos verificar o seguinte: duas pessoas, cada uma com um cachorrinho e uma planta, estão no sopé do monte Everest. Uma decide escalar o monte e viver na sua altitude máxima por dez anos, enquanto a outra, que permanece na base – nível do mar – vai viver nessa altitude zero. Passados os dez anos, no calendário terrestre, voltam a se encontrar ao pé da montanha. A pessoa que viveu aquele período no alto do monte, bem como o animal e a planta que levou consigo estarão mais velhos. Para essa pessoa, o tempo terá passado mais depressa do que para quem ficou na altitude zero. Pelo mesmo período medido pelo calendário de nosso planeta.

Por óbvio, essa diferença é pequena, mas existe. Se tivermos dois relógios de alta precisão, idênticos, aqui na terra, separados por uma altura de dez metros, o relógio de baixo deve correr mais lentamente. A diferença, imperceptível a nossos sentidos, será de um para 10 elevado ao expoente 15.

A primeira experiência desse gênero foi realizada na Universidade de Harvard em 1960, sendo 20 metros o desnível entre os relógios.

Dez anos no alto de uma montanha não são dez anos ao nível do mar.

Já vimos que a simultaneidade, o acontecer ao mesmo tempo, nunca pode ser afirmada e, ainda, que o tempo passa mais ou menos rapidamente, em função da curvatura da membrana espaço-temporal, em função da maior ou menor proximidade da concentração de grandes massas.

Mas, há mais novidades tornando o tempo cada vez mais flexível em sua conceituação.

Imaginemo-nos observando algo. Como a imagem numa tela de cinema ou uma folha do jornal que estamos lendo. Pensemos em alguns acontecimentos passados e projetemos mentalmente alguns futuros.

Na visão mecanicista, o exato momento da cena que estou observando é um instante que divide o passado do futuro. Tal presente é instantâneo, num espaço fixo.

Para Einstein, não é assim. Existe o que se chama presente estendido, um intervalo de tempo, uma região intermediária que não é nem passado nem futuro. Em relação a distâncias pequenas, astronomicamente falando, como entre duas cidades da Terra, esse tempo intermediário é muito pequeno para ser apreendido por nossos sentidos, o que nos leva a pensar que o agora em Porto Alegre é o agora em Paris. Nada a ver com fuso horário.

Já em relação a outros planetas, o presente estendido é de alguns minutos. Há acontecimentos em Vênus, Marte, Sol que para nós não são nem passado nem futuro.

Exemplificando: uma transmissão de rádio, de Marte até a terra, leva de 4,5 a 20 minutos, dependendo de vários fatores, entre os quais a posição da antena do satélite artificial que orbita o planeta em relação ao veículo emissor e à Terra.

Consideremos um caso simples:

Suponhamos que pudéssemos, por meio de megatelescópios enxergar a superfície de Marte, como podemos, com binóculos, observar, do alto de um prédio, pessoas que passam pela rua.

Vamos imaginar que em Marte estivesse ocorrendo a partida final do campeonato de futebol interplanetário e pudéssemos ver a partida de modo direto.

Lembremos que enxergamos os objetos quando a luz emitida ou refletida por eles chega a nossos olhos.

O que aconteceria no exemplo anterior? Estamos vendo o que ocorre em Marte agora?

Como a luz leva 4,5 minutos para se propagar de Marte até a Terra, veríamos as coisas 4,5 minutos depois de terem acontecido em Marte. Assim, celebraríamos o gol do time da Terra com minutos de atraso em relação ao presente de Marte.

Adiantaria na hora em que víssemos o atacante de Plutão, que faz parte da Liga Interplanetária de Futebol, correr para a bola para bater um pênalti contra a Terra – mal marcado no entender da torcida do nosso planeta – cruzar os dedos, ou rezar? Não, porque no presente marciano já se passaram 4,5 minutos em relação ao que estamos vendo agora. O pênalti já terá sido cobrado e tal acontecimento para nós, a rigor, não é nem passado nem futuro.

Por isso, os robôs colocados em outros planetas precisam um mecanismo de auto-orientação.

Vamos desprezar todos os tempos de processamento de sinais e outros detalhes e imaginar um robô, no planeta Marte, equipado com câmera que transmita a uma base da Terra a visão da superfície em que se desloca. Num dado momento o robô está à beira de um abismo. Na Terra, essa visão chegaria depois de quatro minutos e meio. Daqui partiria um comando para frear que gastaria os mesmos 4,5 minutos para ser detectado pelo robô. Naturalmente a queda seria inevitável. Daí os robôs precisarem se autodirigir.

Mais uma novidade em relação ao pensar mecanicista do tempo: Existe um aqui e agora, mas não existe um agora universal. Não há somente passado e futuro, separados por um presente instantâneo. Existe um presente estendido. Existe algo mais. Ainda há mistérios, e isso é fascinante.

Fossem nossos sentidos mais aguçados, de modo a perceber intervalos de tempo infinitesimais da ordem dos picossegundos, ou mesmo dos nanossegundos e não pensaríamos que o agora daqui seja o agora de Paris ou Amsterdam.

Ainda sobre o tempo, vamos a outra situação:

Imaginemos uma estrela a uma distância de 5 anos-luz de nosso planeta. Vamos pensar num observador a meio caminho entre essa estrela e a Terra e outro situado na superfície de nosso planeta, ambos com visão da estrela.

Lembrando que um ano-luz é a distância que a luz percorre em um ano, é claro que um acontecimento no agora dessa estrela será percebido, com todos os efeitos luminosos, eletromagnéticos, gravitacionais que produzir, dois anos e meio após sua ocorrência pelo observador a meio caminho entre nós e a estrela e cinco anos após ocorrer no astro imaginado, na superfície da Terra.

Imaginemos uma gigantesca e perceptível explosão no agora dessa estrela. Passados dois anos e meio, o observador no espaço observará o acontecimento e estarão chegando nele todas as consequências do evento estelar.

Para a estrela, o acontecimento será passado, para o observador espacial, presente e para o observador na Terra, futuro.

Por isso, repetimos: há acontecimentos cósmicos que para nós não são propriamente nem passado nem futuro.

Se o Sol, no instante em que você está lendo esta página virasse poeira, desaparecesse fisicamente, continuaria a ser visto daqui da Terra por mais sete minutos e meio, aproximadamente (tempo que a luz gasta para viajar do Sol até nós). A Terra continuaria em órbita pelo mesmo período.

Fica fácil entender que, ao olharmos para o céu durante a noite, vemos sempre o passado da região do cosmos que conseguimos enxergar. Podemos ver estrelas que já não existem, como tal, e deixar de ver outras, que estão nascendo agora e só serão vistas aqui quando sua luz chegar até nós.

É um tanto quanto temerário, portanto, dizermos que acreditamos só no que vemos.

Entendemos o mundo dentro da nossa capacidade de percebê-lo, na limitação de nossos sentidos, que restringem nossa percepção nas cores e nos sons, como já sabíamos e, também, no tempo, como nos ensinou Einstein.

Também sabemos, a partir da Relatividade Especial, ou Restrita, que o tempo muda com a velocidade, bem como, com essa grandeza, também mudam o comprimento, relativo ao espaço, e a massa. Tais mudanças, no entanto, só se tornam notáveis quando nos deslocamos com velocidades próximas à da luz.

Existem fórmulas para calcular a relação entre o comprimento de um objeto, medido em repouso, e o comprimento desse mesmo objeto em movimento. A fórmula é conhecida como *contração de Lorenz*. Também há uma fórmula que demonstra a variação da massa com a velocidade.

Transcreveremos essas fórmulas, alertando que não há necessidade de o leitor se aprofundar nelas, embora sejam elementares.

Importante notar que essas equações demonstram a impossibilidade de um corpo de massa considerável atingir a velocidade da luz.

Chamando l_0 o comprimento de um corpo em repouso e l seu comprimento quando com velocidade v, teremos:

$$l = l_0 \cdot \sqrt{1 - \frac{v^2}{c^2}}$$

Daí temos que o comprimento em movimento, l, é igual ao comprimento em repouso, l_0, multiplicado por um valor menor do que um, pois v sempre será menor do que c. Esse produto dá um resultado menor do que l_0.

Lembramos que a multiplicação de um valor por um número menor do que 1 dá um resultado menor do que esse número.

Na medida em que a velocidade do corpo se torna próxima à velocidade da luz, o tamanho do corpo vai ficando cada vez menor. Se v, velocidade do corpo se tornasse igual a c, velocidade da luz, o comprimento do corpo se tornaria igual ao comprimento inicial, l_0, multiplicado por zero, o que daria zero. O corpo se reduziria a um ponto.

A massa do corpo também se altera com a velocidade, por uma fórmula semelhante.

Sendo m_0 a massa em repouso de um certo corpo e m, sua massa com velocidade v, temos a equação:

$$m = \frac{m_0}{\sqrt{1 - \frac{v^2}{c^2}}}$$

Aqui, quanto menor o denominador, maior o valor da massa do corpo em movimento, m. Quanto mais próxima de c estiver a velocidade do corpo, menor será o valor do denominador, que será sempre menor do que 1. Quando dividimos por um número menor do que 1, o resultado é maior do que o dividendo (o número que foi dividido).

Divida 10 por qualquer número menor do que 1, e o resultado será menor do que 10. Exemplo: 10 dividido por 0,5 é 20 e 10 dividido por 0,2 é 50. Quanto menor o divisor, para um mesmo dividendo, maior será o resultado, quociente.

Se a velocidade atingisse a velocidade da luz, teríamos:

Massa em movimento igual à massa em repouso dividida por zero. A divisão por zero, matematicamente, não existe. Dizemos que seu resultado tende ao infinito. Como a massa infinita é impossível, também o é, para corpos de massa considerável, atingir a velocidade da luz.

Também se pode argumentar pelo cálculo da energia. A energia para acelerar uma nave, partindo do repouso até atingir a velocidade da luz, exigiria que toda a massa de combustível e do próprio foguete propulsor se transformassem em energia. Seria a destruição da nave.

E nosso querido tempo, que deixou de ser um cidadão de ideias fixas e invariáveis, parado em si mesmo – seria o tempo parado no tempo – para se transformar num dos mais flexíveis e atualizáveis pensadores, também varia com a velocidade da luz, por fórmula equivalente.

Um relógio em movimento a respeito de um observador parece tictar menos rapidamente do que faz quando está em repouso em relação a ele, o que significa que se observarmos a medida do tempo, em um sistema de referência em movimento em relação a nós, nosso relógio indicará um intervalo mais longo do que o registrado pelo que está no referencial em movimento. Sendo t_0 o tempo decorrido marcado por um relógio, num sistema em movimento com velocidade v, o tempo t, para um relógio em repouso, será assim calculado:

$$t = \frac{t_0}{\sqrt{1 - \frac{v^2}{c^2}}} \quad \text{(dilatação de tempo)}$$

Para quem viaja a altas velocidades – precisam estar próximas à velocidade da luz para termos diferenças notáveis –, o tempo passará mais lentamente. Movimentando-nos com maior velocidade, em relação ao tempo da Terra, duraremos mais.

Nas estradas, costuma ser o contrário. Lá, com o aumento em escala perigosa da velocidade, quem pode chegar mais ligeiro é o tempo da morte.

Mas, voltando ao espaço exterior, onde as grandes velocidades são desejáveis, sabemos que se um astronauta se afastar da Terra com velocidades próximas à da luz, o tempo decorrido para ele será menor do que para quem ficou na Terra, evento explorado em alguns filmes, como, por exemplo, o primeiro da série *O Planeta dos Macacos*.

Os astronautas retornaram ao planeta poucos anos mais velhos, enquanto na terra séculos haviam se passado.

Portanto, não é só uma questão de marcação de relógios, como se poderia pensar. Se alguém viaja em velocidades próximas às da luz, envelhece menos do que quem está em repouso, em relação ao planeta, ou se move nele com as velocidades habituais.

Agora, juntando as surpresas:

O tempo é diferente para quem está próximo de uma concentração de massa e para quem está longe.

5 minutos na velocidade da luz não são cinco minutos em repouso.

Não existe um agora universal.

Espaço-tempo formam um conjunto, poderíamos metaforicamente dizer uma membrana que pode ser considerada material. Pode dobrar-se, esticar, contrair, etc.

UM ENCONTRO FANTÁSTICO

Pois, pensando sobre esses fenômenos da relatividade restrita, Helena ouve alguém chamá-la:
— Helena, posso te ajudar, se quiseres.
— Em quê? – Perguntou a mestranda em Física Teórica.
— Na visualização ampla desses efeitos que conheces só de fórmulas ou de experiências de pensamento.
— Que estranho. Como sabes em que problemas penso e por que acreditas poderes torná-los, por assim dizer, palpáveis?
— Para nós o pensamento, a energia e a matéria são a mesma coisa, de modo que leio pensamentos, registrando-os e decodificando-os à maneira como um aparelho de rádio decodifica ondas eletromagnéticas em que ondas sonoras foram transformadas, tornando-as outra vez ondas sonoras. Mas isso não é o mais importante, nem pertinente a teus estudos. O problema é saber se queres que te ajude.
— Tens algum laboratório especial?
— Não exatamente. Meu mundo é o próprio laboratório ao vivo.
— E que mundo é esse? E onde fica? E como te chamas?
— Poderia definir meu mundo como um mundo de extensão de percepções. Um prolongamento da capacidade de perceber, tornando as mudanças imperceptíveis eventos observáveis. Fica na materialização da imaginação e o menos importante é como me chamo; respondo: Relativice.
— Como fazemos para chegar lá?
— Não há caminho – disse um poeta Catalão. – Fazemos o caminho pelo andar e pela intenção. Me dá a mão, fecha os olhos e estaremos lá.
— Cá estamos, Helena, na gare de uma estação de trem. Atenção que vai passar um comboio.

— Mas como é pequeno! E como são diminutas as pessoas dentro dele.

— Já aquele outro, que está parado, é do tamanho normal, como normais são as pessoas em seu interior. O que passou correndo é liliputiano? Aqui também existe esse mundo, Alice? Ah, posso te chamar assim? É mais simples.

— Tudo é relativo ao observador, e se achas mais simples podes chamar-me Alice. Pois, minha cara Lena...

— Helena.

— Pode ser que para mim Lena seja mais simples. Mas o que interessa é que tiveste uma visualização da contração de Lorenz. O tamanho dos objetos diminui com a velocidade.

— Mas...

— A diferença é que aqui isso acontece com velocidades normais para um trem do teu mundo. Naquela fórmula que estavas estudando com uma velocidade de 90% da velocidade da luz, a razão entre o comprimento do trem em movimento e parado é de 46%. Aqui a fórmula funciona modificada. A quantidade sob raiz quadrada é:

$$1 - \left(\frac{c^2 - v^2}{c^2}\right)$$

Temos:

$$l = l_0 \cdot \sqrt{1 - \left(\frac{c^2 - v^2}{c^2}\right)}$$

O que faz com que, mesmo em velocidades pequenas, a redução de tamanho seja grande. Mas pode esquecer da fórmula. Há ainda um fator de correção. Importante é o que foi observado. Cada universo tem suas fórmulas. E podemos sentar à mesa do café próximo à gare e observar vários trens, com diferentes velocidades e distintos encurtamentos.

E assim ficaram por algumas horas, ou seriam minutos?

— Agora, Helena, vamos dar uma caminhada pelo campo, até o sopé de uma montanha. – Disse Relativice.

Lá chegando, encontraram João, junto com três amigos. João aniversariava no dia seguinte e decidira, como ainda era cedo, subir a montanha e colher, para seu aniversário, uma rara flor, que para desabrochar deveria ser observada durante uma noite inteira, ainda em botão e, assim, desabrocharia na manhã seguinte. Haveria tempo de subir a montanha, observar o botão durante a noite e colher a flor da felicidade na manhã seguinte, levando-a para a festa de seu aniversário.

João subiu a montanha e as novas amigas continuaram a passear por aquele estranho mundo que parecia concretizar as experiências de pensamento de Einstein.

Na manhã seguinte, Helena convidou Alice para irem à montanha ver a flor que seria trazida por João.

Helena ficou intrigada com a aparência de João.

– Estranho. "Vi esse homem começar a subir a montanha ontem. Estava bem barbeado e agora, na sua volta, parece estar com uma barba de uns cinco ou seis dias. Aqui, o ar da montanha faz a barba crescer mais rapidamente?

– Não, exatamente. Como sabes, o tempo passa mais rápido em função da altitude. No teu mundo, a diferença é muito pequena, imperceptível. Mas neste mundo, a diferença entre o tempo ao nível do mar e numa montanha é bem visível. O que de fato ocorreu é que João envelheceu praticamente seis dias, enquanto seus amigos ficaram um dia mais idosos.

– Afinal, João passou uma noite ou seis na montanha?

– Lembra o paradoxo dos gêmeos da Relatividade Especial. No alto, em função da curvatura do molusco de Einstein, comprovado na experiência de Harvard em 1960? João ficou seis dias mais velho do que os amigos que estavam no pé da montanha. O tempo no alto da montanha é maior do que no nível do mar. Temos aqui dois gêmeos muito conhecidos. Com um ano de vida, um foi morar na praia e outro no alto da montanha. Nos quinze anos do adolescente que vivia na praia, um cidadão de meia-idade, seu irmão gêmeo, compareceu à festa.

– Fantástico. – Disse Helena.
– Há mais no mundo da ciência contemporânea. – Disse Alice.
– Lembra que falei da necessidade de a planta ser observada para o botão se transformar em flor?
– Sim, mas o que há de novo nisso?
– Não percebeste bem a ideia. A consciência de um observador influi no fenômeno observado. Há mais: a expectativa do fato cria o fato, e isso é Física Quântica
– Aqui também é possível observar fenômenos quânticos? Tenho grande curiosidade, apesar de não pretender me especializar nessa área.
– Aqui não. Mas, no momento oportuno, tua curiosidade, tua consciência, colapsará uma possível entidade chamada Quantalice, que colapsada poderia ser minha prima. Ela, por um *worm-hole*, poderá te levar a um universo paralelo onde verificarás o encontro da ciência com a consciência e experimentarás as coisas bizarras da Mecânica Quântica em macro-objetos. A ubiquidade, bilocação, poderá ser observada, não só nos diminutos componentes atômicos, mas também em qualquer objeto macroscópico.

Assistiremos a esse encontro, caro leitor, em outros capítulos, no prosseguimento dessa viagem que, pelos caminhos do pensamento, nos conduzirá do mais denso ao mais sutil, confrontando mesmo o senso comum com fenômenos desafiadores de existência inequívoca, mas de explicação ainda pendente.

Exercitaremos a coragem de um mergulho no mistério, sem medo de ver derrogados velhos paradigmas.

Helena acordou, ou retornou. Estava numa bancada do laboratório.

Diante dela, Einstein mostrava a língua numa foto bizarra.

A rotina de Helena prosseguiu, até um dia em que, intrigada com a interpretação de determinadas fórmulas da Física Quântica, se permitiu uma pausa na volúpia de escrever mais e mais publicações, necessárias à obtenção do mestrado e futuro doutorado, para, e, nessa pausa, exercer o que o mecanicismo da produção de textos estava impedindo: pensar, questionar, maravilhar-se com o universo e perguntar: por quê?

PARTE V
QUÂNTICA

CIÊNCIA E CONSCIÊNCIA

Alerta: Por onde iremos navegar?
Certamente, até porque pensamos cientificamente, estamos, leitores e eu, preparados para novidades desafiadoras, para notícias inovadoras, sem querermos fechar os olhos e negar os fatos por apego a velhos modelos.

As descobertas da Física Quântica, assim como verificamos na Teoria da Relatividade, irão muitas vezes contrariar o senso comum. Mas todas estão demonstradas à saciedade.

Um alerta interessante, descrito por Einstein, será útil no sentido de entendermos certa mudança na expectativa do conhecimento integral. A Física clássica previa o comportamento de partículas isoladas, enquanto a Quântica trabalha com dados estatísticos.

Assim é a natureza. Sabemos, por exemplo, que em 1.600 anos metade de um grama de rádio (material radioativo) se desintegrará. Assim, podemos dizer quantos átomos se desintegrarão no próximo ano, mas não quais e muito menos por que alguns serão os escolhidos. Se a amostra tiver 1kg, sabemos que, decorridos 1.600 anos, meio kg de átomos se terá desintegrado e outro meio kg permanecerá no estado original. Que átomos formarão o conjunto que irá se desintegrar e que átomos permanecerão na situação original? Não sabemos. Isso é conhecimento estatístico.

Aplicando o método estatístico, segundo exemplo de Einstein e Infeld em *A Evolução da Física*, não podemos predizer como um indivíduo se comportará numa multidão, mas podemos prever a probabilidade de que ele se comporte de algum modo particular.

Se considerarmos apenas os números das placas dos automóveis no Brasil, esses irão de 0001 até 9999. Um terço dos números de placas é divisível por 3. Em termos estatísticos, se ficarmos parados em alguma esquina movimentada durante algum tempo, observando carros que passam, verificaremos que cerca de um terço deles terá placas formadas por números divisíveis por 3, mas não saberemos determinar previamente quais serão os números das placas.

E, uma regra básica: quanto maior o número de observações efetuadas, mais o comportamento real se aproximará da previsão estatística.

Aqui, saindo um pouco da estrada principal, mas prometendo retomá-la, cabe um alerta importante: o que falamos sobre aumentar o número de observações. Invocando a chamada Lei dos Grandes Números, está aquilo que ignorado faz os jogadores perderem nos chamados jogos de azar.

Apostando na roleta, por exemplo, a probabilidade de ganhar é muito menor do que a de perder. Se o jogador apostar num só número, como o total é de 37, do zero ao trinta e seis, sua probabilidade de acerto é de 1/37, o que quer dizer que, em média ele acertará uma vez em cada 37 tentativas.

Mas, é possível jogar 3 ou quatro vezes nas condições citadas e acertar? Sim, mas pouco provável e, se o jogador tivesse bom-senso, ficaria por aí. Mas o que acontece em geral não é isso. Motivado pelo sucesso e desconhecedor da Lei dos Grandes Números, o jogador, numa fé absolutamente equivocada a respeito de sua sorte, continua apostando.

A longo, ou médio prazo, o ganho se transformará em prejuízo. Para quem não acredita, basta verificar que os cassinos sempre ficam mais ricos e os jogadores...

Jogando duas vezes uma moeda, é possível que os dois resultados sejam o mesmo. Jogando 2.000 vezes, o número de caras será aproximadamente igual ao de coroas.

Sobre isso e para descontrair, vale lembrar um caso ocorrido numa Universidade nos Estados Unidos, relatado por Leonard Mlodinow no livro *O Andar do Bêbado*:

Dois estudantes decidiram prolongar sua estada em sua cidade natal e optaram por perder uma prova.

Quando se apresentaram ao professor disseram que havia furado um pneu do carro na estrada, o que os impediu de chegar a tempo para a prova.

Sem problema, o professor marcou outra data.

Os alunos receberam a prova, que foi feita em salas separadas. Quando estavam prestes a entregá-la, o professor deu-lhes outra folha com a pergunta: Qual o pneu do carro que furou na viagem?

Aqui temos um caso de probabilidade composta. São quatro respostas possíveis para cada um, pois são quatro os pneus, e um deve ser escolhido. Quatro possibilidades para um escolhido nos dá uma probabilidade de ¼ isoladamente. Mas a lei da probabilidade composta é multiplicativa; assim, a probabilidade de os dois darem a mesma resposta, caso não se tratasse de evento certo, uma verdade, é só de 1/16.

Situação difícil. Êxito pouco provável.

Vamos retomar o caminho da Quântica.

A Física Quântica é uma Física de possibilidades e não de certezas.

Para muitos, buscadores de certezas, a troca dessas por possibilidades inquina à insegurança, mas, para um pensar mais profundo, mormente no terreno filosófico, a certeza tem um lado perverso: nada podemos alterar, tudo já está escrito na natureza e, por que não, na nossa vida?

Num mundo determinista, herança da mecânica newtoniana, não existe livre-arbítrio, ao passo que, para confirmar as previsões da Física Quântica, o livre-arbítrio é absolutamente necessário.

Em tom de blague, poder-se-ia dizer que somos obrigados a aceitar o livre-arbítrio.

Verificaremos muitas situações em que a conclusão da ciência não será intuitiva, no sentido convencional, e contrariará o próprio senso comum.

Mas, isso é até recorrente na ciência.

Até Galileu, pensava-se que corpos mais pesados caíam mais depressa, o que era inclusive verificável, deixando-se cair de determinada altura um tijolo e uma pluma. Assim pensava Aristóteles e era demonstrado nas experiências do quotidiano, e esse engano ficava consagrado pela carência de uma teoria de nível mais alto.

Cabe dizer que é necessária uma sustentação teórica bem fundamentada para a formulação adequada de leis científicas.

Podemos citar também o paradoxo hidrostático: se reservatórios das mais diferentes formas contiverem, no mesmo lugar, um mesmo líquido, até uma mesma altura, suas bases sofrerão pressões iguais.

Imagine dois vasos cujas bases sejam quadrados iguais. Um cujas paredes se afastam a partir da base e outro em que elas se aproximam. Colocamos água nos dois até um metro de altura. Obviamente, o volume e a massa e, por consequência, o peso de água será maior no vaso cujas paredes se afastam. Mas as duas bases receberão a mesma pressão e tendo, como no exemplo, mesma área, também receberão forças iguais.

São apenas exemplos de realidades científicas não intuitivas e que a Física Clássica resolveu, a partir das ideias de Galileu, que consagraram a necessidade do experimentalismo, adotada pela Real Sociedade Científica de Londres: *Nulla in verbis*.

Agora, prepare-se para mais: A consciência – figura absolutamente proibida no ambiente da Física, interferindo em fenômenos e até mesmo criando partículas. Fenômenos não locais, proibidos no conceito clássico de realidade, que, num pensar mágico, evocariam a presença de um sacerdote vodu não visível. Partículas que só existem a partir da observação, o mistério onda-partícula e elétrons estando e não estando em dois lugares ao mesmo tempo.

Haverá ainda mais, muito mais, confirmando o dizer de Einstein ao se referir à Física como "uma aventura do pensamento".

Sempre haverá novos territórios a serem descobertos, além da barreira fictícia do horizonte que limita o conhecimento de determinada época.

Lembremos Lord Kelvin:

William Thomas Kelvin, cientista britânico, contribuiu para vários terrenos da Física. Na tentativa de conciliar a Teoria de Carnot a respeito das máquinas térmicas, com a Teoria Mecânica do calor, de Joule – que estudou a equivalência entre calor e trabalho – Kelvin formulou o segundo princípio da termodinâmica; independentemente de Clausius, e estabeleceu a escala absoluta de temperaturas, chamada escala Kelvin, em sua homenagem.

O segundo princípio da termodinâmica, também conhecido como Lei de Clausius, é mais conhecido popularmente como Princípio do Aumento da Entropia e tem gerado inúmeras interpretações no terreno filosófico, quando se debatem temas como a possibilidade de o acaso produzir resultados mais ordenados (de menor entropia).

A entropia é, em termos simples, o número que mede o grau de desorganização de um sistema.

A Segunda Lei da Termodinâmica, Lei de Clausius, afirma que em qualquer mudança ocorrente num sistema isolado a entropia cresce.

Representando por "S" a entropia de um sistema isolado, podemos afirmar que para qualquer transformação, $\Delta S \geq 0$, onde ΔS é a variação da entropia, que no caso é positiva, quer dizer, há um aumento da entropia, o que representa a energia não mais disponível para realizar trabalho no sistema.

Aqui, cabe um número enorme de analogias, lembrando que analogias são comparações, sempre portadoras de algum caráter subjetivo, não sendo equivalentes a deduções, ou implicaturas que conduzem, respectivamente, à demonstração de verdades matemáticas, partindo de hipóteses ou de conclusões, além do dito, que valem nas inferências autorizadas.

Podemos pensar, analogicamente, em fazer uma comparação com o egoísmo, com as pessoas que procuram se isolar. A Física Quântica afirma que todos estamos, num grau maior ou menor, interconectados.

Quanto mais nos afastamos do convívio de amigos, de participar de movimentos com os quais tenhamos afinidade, particularmente dos que buscam o exercício da compaixão, mais nos aproximamos de um sistema isolado. Quanto mais nos aproximamos de um sistema isolado, mais aplicáveis a nós são suas leis, o que quer dizer que qualquer transformação nos levará a ter menos energia disponível, em nós mesmos e para nós mesmos. Uma analogia com o segundo princípio da termodinâmica nos aconselha o não isolamento, ou seja, o não adotar posturas egoístas.

Também não se pode pensar que uma explosão, liberação desordenada e grande de energia, produza, por si só, um resultado organizado – de menor entropia.

Uma gigantesca explosão nas oficinas de um jornal, atingindo as máquinas impressoras, produzirá, como resultado, um grande número de jornais devidamente encadernados?

Um litro de gasolina queimado de uma só vez, ao ar livre, produz o mesmo resultado que sua queima ordenada no motor de combustão interna do automóvel?

E quanto à gigantesca explosão inicial que produziu o Universo? Esse universo fruto do Big-Bang será casual, ou causal?

A ideia é deixar as conclusões a cargo de cada pensador, a cargo de cada leitor.

Mas, não é esse nosso foco, ao menos por ora. Estamos a caminho da Física Quântica e de suas estranhezas. Mas, lembramos Lord Kelvin, em função de uma declaração que fez em 1894, antes da Relatividade e da Quântica:

– Não há nada de novo a ser descoberto na Física agora. Tudo o que resta são medições cada vez mais e mais precisas.

Que extraordinário engano de um notável cientista. É interessante pinçar esses equívocos para que entendamos que não há pensadores infalíveis e que o argumento de autoridade não pode ser aceito em ciência. Considerar o peso da autoridade que embasa uma informação, ou teoria, é válido, mas aceitar sem exame é um ato de abdicação da capacidade de raciocinar.

O infinito universo da Teoria da Relatividade e da Física Quântica surgiram depois de 1894. Dezesseis anos após essa declaração de Kelvin, Max Planck, estudando a radiação emitida por metais aquecidos, lançava as bases da Teoria dos Quanta e, 21 anos após a mesma declaração, o gênio de Einstein – o eterno menino que jamais abandonou a curiosidade e a intuição, analista de terceira classe do Departamento de Patentes do Governo da Suíça – modificava a visão do mundo com a Teoria da Relatividade Restrita, ou Especial, quebrando paradigmas considerados intocáveis da Mecânica Newtoniana, inspiradora do chamado materialismo realista.

O estudo das previsões de Einstein consideradas difíceis de acreditar, são um bom exercício para evitarmos um "choque térmico intelectual" quando nos depararmos com as previsões da Quântica, consideradas "impossíveis de acreditar".

Ao promover definitivamente a união, que tudo indica ser indissolúvel, da Consciência com a Ciência, ponto fundamental que discutiremos adiante, a Física Quântica mudou a hierarquia da explicação científica, trazendo um novo elemento fundamental, até então ignorado.

Antes da Quântica, o valor da explicação científica se fundava na observação dos fatos, vale dizer no empirismo, no experimentalismo, na sequência Fatos Empíricos – Física – Química – Biologia – Psicologia (figura abaixo), que podemos chamar "Era da Consciência", consciência essa ainda indefinida pela ciência oficial, mas sabidamente capaz de interferir no comportamento de partículas e ser mesmo responsável por sua criação, temos um novo esquema: Consciência – Fatos empíricos – Física – Química – Biologia – Psicologia (figura abaixo).

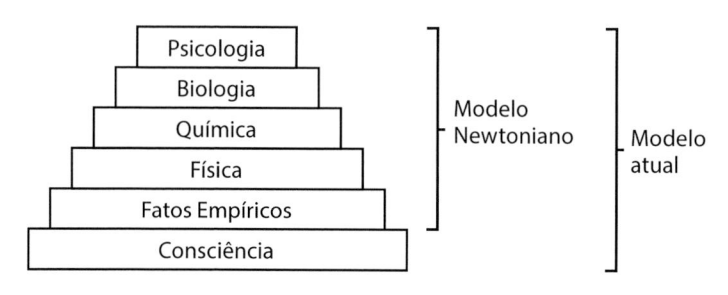

Psicologia	
Biologia	
Química	Modelo
Física	Newtoniano / Modelo atual
Fatos Empíricos	
Consciência	

Escala de valores da explicação científica

Vamos retomar nosso caminho, rumo ao inusitado.

Com a relatividade e a Física Quântica houve mudanças radicais no conhecimento.

A Relatividade elidiu o conceito de espaço e tempo fixos da possibilidade de um agora universal e transformou o espaço e o tempo numa única entidade, física, de elementos não separados: o *continuum* espaço-tempo. Disso já nos ocupamos, de modo breve, buscando uma objetividade, embora seu todo seja tarefa de uma ou muitas existências.

Para ingressar no fascinante universo da Física Quântica:

Primeiramente, acompanhemos Helena, representante autorizada de nossa consciência, num mundo especial. Não há por que não pensá-lo, pois Werner Heisemberg, um dos criadores da Física Quântica, entendia que ela, cada vez mais, se aproximava de Platão, e a genialidade sem par de Einstein criou as Experiências de Pensamento: *Gedanken Experimenten.*

Não resta dúvida de que vivemos uma nova fase, modificadora de conceitos, que nos leva, inclusive, a perguntar: O que é real? Qual a forma mais correta de interpretar o universo e suas leis?

Da visão mecanicista que embasou o chamado materialismo realista, até a posição atual da ciência, há, sem dúvida, um grande salto.

Embora a herança newtoniana, ligada inexoravelmente ao senso comum, nos tenha sido introjetada por mais de dois séculos, a pretensão de previsibilidade, enunciada no chamado Princípio da Causalidade Rígida, cede lugar ao Princípio da Incerteza.

É exemplo clássico da aplicação da Causalidade Rígida de tal princípio o fato de que se conhecermos a velocidade e a posição de duas bolas de bilhar que irão colidir, poderemos determinar com precisão a velocidade e posição de cada uma, em qualquer instante após o choque. Isso não vale no mundo subatômico.

O LIVRE-ARBÍTRIO NO NOVO PARADIGMA – ALGUNS ENIGMAS

A ideia determinista encontra abrigo em teorias filosóficas e principalmente religiosas que estabelecem um destino pré-traçado e imutável para cada um de nós, bem como para o planeta, universo, enfim tudo o que existe. Nega o livre-arbítrio.

Hoje, sabemos que é possível agir sobre o mundo das micropartículas, isto é, afetar o mundo físico, por meio de nossa consciência, utilizando o livre-arbítrio, cuja existência é afirmada pela Física Quântica, embora os cientistas não tenham ainda, por seu caminho tradicional, chegado a um consenso sobre o que é a consciência.

Vivemos, no terreno da hermenêutica, o eterno choque entre realismo e idealismo. A primeira corrente afirma, o que está de acordo com o senso comum, que há um universo real, existente independentemente de nosso conhecimento sobre ele.

Já o idealismo, em melhor sintonia com as novas descobertas científicas, duvida da simples percepção dos sentidos, afirmando que o que vemos não é real.

Uma posição radical do idealismo é a tese solipsista que entende que tudo o que vejo são minhas próprias sensações: o mundo sou eu e minhas circunstâncias.

O chamado realismo não responde à comprovada influência do observador sobre o fenômeno observado e não alcança a ação da consciência.

Já um solipsismo absoluto deveria gerar diferentes percepções para cada observador, nas mesmas condições.

Como sói acontecer, as duas posições extremas não apresentam completude. Se por um lado é verdade que a Lua continua a existir, mesmo quando não a estamos observando – uma das afirmações prediletas de Einstein –, por outro, é verdade que a consciência do observador altera o comportamento das partículas observadas, inclusive, e por vezes, a sua história, o que implica modificar seu passado.

Além disso, entende-se que determinadas partículas só existem a partir da observação, o que transforma o observador num criador, em pequena escala.

Creio que chegaremos a um solipsismo relativo ou a um realismo idealista, conforme nos mostram as observações da quântica, pois, de fato, a Lua continua a existir mesmo quando não observada e, por outro lado, a expectativa do fato cria o fato.

Há, sem dúvida, uma surpreendente e gigantesca gama de fatos a serem examinados, o que modifica nosso conceito de mundo e realidade. Ou, só para provocar, será que não é nosso conceito de mundo e realidade que os modifica?

Citando Fred Allan Wolf, PhD em Física Quântica: "Se você estudar a Mecânica Quântica a fundo e, ao final, não se sentir um pouco mais louco é porque você não entendeu nada".

Essa citação vem ao encontro do dito de Niels Bohr: "A menos que você fique chocado com a Mecânica Quântica, você não a entendeu".

E, em oposição ao universo máquina de Newton, o astrônomo inglês Sir James Jeans entende que o universo, descrito pela nova ciência, embora numa descrição ainda imperfeita, começa a se parecer mais com um grande pensamento do que com uma grande máquina.

Segundo Bruce Rosemblum e Fred Kuttner, em *O Enigma Quântico*, os fatos experimentais que envolvem a teoria quântica são inquestionáveis, mas deixamos um terreno firme quando exploramos o encontro da Física com a Consciência, que é o sentido mais profundo da Mecânica Quântica e está cada vez mais em discussão.

Assim sendo, ao chegarmos a esse terreno, encontraremos várias teorias, algumas até bem preconceituosas.

O fato de não haver consenso sobre alguns grandes problemas que enfrentaremos, não é um elemento cerceador de nossa liberdade de pensar. Pelo contrário, pode e deve nos instigar, até mesmo no domínio da Filosofia, materialista ou espiritualista, a buscar a solução que considerarmos mais adequada.

Embora alguns físicos muitas vezes se esqueçam disso, estamos num terreno de hipóteses, de incertezas e, antes da corroboração definitiva de qualquer hipótese, todas são válidas, sendo atitude anticientífica descartar qualquer delas sem exame.

No terreno da Filosofia da Ciência não há decidibilidade. Não existe o dualismo verdadeiro-falso a ser enfrentado proposição por proposição. O que se examina nesse terreno é o grau de plausibilidade de cada hipótese, desde que revestida de características de hipótese científica.

Explicando: uma hipótese é científica quando existe a possibilidade de um experimento que possa corroborá-la ou não. Aqui estamos no campo da ciência pura. Estamos verificando o que acontece.

O porquê acontece é um passo além que, como veremos, Copenhagen teve medo de dar.

Um exemplo de hipótese científica: Segundo Aristóteles, o corpo mais pesado caía mais ligeiro. Galileu demonstrou que todos os corpos, independentemente de seu peso, num mesmo lugar, caem com a mesma aceleração. Isso comprovou o erro da hipótese aristotélica, que, embora equivocada, era científica, porque passível de ser submetida a uma contraprova.

Helena ainda pensava, num profundo debate consigo mesma – desses que fazem esquecer os eventos "reais" ocorrentes ao redor –, em seu encontro com Relativice e as vivências inusitadas que experimentara, o que tornou muito mais fácil a compreensão, uma vez que vivenciada, da relatividade do tempo e de seu indesfazível entrelaçamento com o espaço.

– Interessante, pensava, conhecer uma teoria é bem diferente de vivenciá-la. O vivenciar elide a resistência ao contraintuitivo e conduz a Galileu: "O único critério válido é a demonstração experimental". Nesse sentido, Galileu entendia que uma vez demonstrado experimentalmente o fenômeno, não interessa se ele contraria ou não nosso senso comum. A natureza não liga para isso.

Completamente absorvida nesse pensar, Helena poderia associar sua situação, no plano mental, com a misteriosa superposição das partículas atômicas e subatômicas, que estão e não estão em vários lugares ao mesmo tempo.

E tão fora de sua mesa no laboratório estava, e tão presente ali, ao mesmo tempo, que parecia esperar um observador para colapsar sua função de onda definindo sua localização integral no laboratório.

UMA NOVA VIAGEM

Foi quando Helena olhou, a partir do vislumbre de um clarão, para a parede do fundo. Esta era percebida como aberta, para um estranho espaço com bizarras curvaturas. Aparecia um túnel e, desse túnel, surgia uma linda moça, com olhos de Einstein, caminhando na direção de Helena.

– Já que me chamaste, aqui estou. – Disse a desconhecida.
– Chamei? – Perguntou Helena. – Como, se não te conheço?
– Tecnicamente conheces. Tens uma imagem e uma expectativa de mim, desde tua conversa com Relativice. E nós, conhecedores da Física Quântica, sabemos que a expectativa do fato cria o fato.

– Então – questiona Helena –, serias, em última análise, uma criação do meu pensamento?

– Não vamos nos deixar iludir por uma teoria solipsista, Helena. Tua consciência criou a possibilidade do encontro e seu histórico, mas não a realidade verificável dele. Sou Quantalice e tu és Helena e, a partir desse nosso encontro, estamos interconectadas, estamos emaranhadas, de tal forma que o que ocorre com uma de nós terá efeito mais ou menos perceptível sobre a outra.

– Então – disse Helena –, estamos vivenciando a célebre Lei da Interconectividade – segundo Stuart Homeroff não apenas uma lei, mas "A Lei" da Física Quântica e que seria uma boa interpretação da espiritualidade. Mas essa lei não é aplicável somente às micropartículas?

– Isso é um enigma a ser resolvido. Copenhagen afirma que é assim. Mas se o macro é formado do micro, por que aquele não apresenta as propriedades deste? Adianto que não sabemos. A ciência aguarda ansiosamente – e disfarça essa ansiedade em cálculos e publicações que ensejam os títulos acadêmicos – uma nova filosofia que nos diga em que confiar, uma vez que preceitos do senso comum e da própria lógica vêm sendo desobedecidos.

— Mas, como sabes, continuou Quantalice, Copenhagen adotou o FAPP (*for all practical purposes*), para todos os propósitos práticos, o que, em outras palavras, quer dizer: "se funciona, aplica, é verdade, e porquês não interessam".

— Felizmente, as experiências de pensamento criaram um mundo, ou universo, meu hábitat, que te convido a visitar, onde os fenômenos quânticos ocorrem mesmo com macro-objetos, o que vai te permitir observá-los no nosso cotidiano.

— Será maravilhoso — acrescentou Helena —, mas não estarei sonhando?

— O que importa, se o sonho, muitas vezes traz visões mais completas da chamada realidade? E, além disso, vale a indagação de teu grande escritor Shakespeare, que perguntava: "De que estranha matéria são feitos os sonhos?" Completou Quanta.

— Acredito — continuou — que depois do que vais ver estaremos numa verdadeira superposição de Helena e Quanta, meu apelido, determinando uma função de onda do tipo Quantelena, que estará no teu e meu mundo ao mesmo tempo e, simultaneamente, em nenhum dos dois, podendo colapsar em Helena, aqui ou em Quanta, lá. Mas isso é mera analogia, para dizer que, a partir dessa intervisitação, nossas ideias estarão em dois mundos.

Helena insiste:

— Mas o mundo que visitaremos é real?

— Depende do conceito de realidade. No sentido ortodoxo, não é, pois a existência de objetos e fenômenos depende de nosso conhecimento deles, o que contraria a realidade objetiva, característica do chamado mundo real, e o que ocorre com um objeto tem influência sobre outro, o que viola o princípio, também do realismo científico, da separabilidade.

— Mas não é esse mundo subatômico, considerado irreal, com estranhas propriedades como a hoje irrefutável influência da consciência sobre o comportamento de partículas e, também, a interconectividade, que cria o real?

– Sim, mas vemos todo dia que o mundo real funciona de outra forma. – Disse Quanta.

– Teríamos, então, o irreal criando o real com propriedades diferentes das suas. As propriedades das partes constituintes não se revelam nas propriedades do todo? – Questiona Helena.

– Sim, e isso constitui o famoso enigma de Platão, agora visto num aspecto reducionista. O todo apresenta uma redução nas propriedades das partes. As propriedades do todo não são a soma das propriedades das partes.

Quanta continua:

– Mas se as coisas funcionam, não poderíamos abandonar a busca dos detalhes? Ao menos para que experimentes a visualização macro de fenômenos que só te são dados observar pela leitura de equações matemáticas, ou com micropartículas?

– Sei que a interpretação de Copenhagen foi contestada pelo manifesto Einstein-Podolski-Rosen e, até mesmo, chamada de covarde por Schröedinger, mas uma viagem a um mundo em que o bizarro só observável no infinitamente pequeno é visualizado no dia a dia pode até trazer exemplos – que naturalmente complementarás com estudos aprofundados – para o livro que estás pensando escrever. Lembra que era difícil para os antigos imaginar os antípodas e os movimentos da Terra. As fotografias tiradas desde naves em órbita não deixam dúvidas.

– Mas, é claro que estou curiosa para ver esse mundo em que as propriedades das partículas microscópicas se estendem ao macro. É, certamente, o sonho de quem quer que pelo menos tenha ouvido falar nas estranhezas da Física Quântica, tanto mais para alguém como eu que se especializa no tema da Física e que deve confessar estar se apaixonando pelo mistério. O mistério traz o novo e o novo buscado sem medo é o maior fator de dilatação do universo do conhecimento.

– Só outra pergunta – Helena acrescenta: – Não é esse mundo criado pelo pensamento?

– E o mundo real será criado de quê? Passando por Spinoza, chegamos ao cosmólogo quântico John Wheeler, que asseverou parecer-se o universo cada vez mais a um pensamento do que a uma máquina.

– E, a título de provocação, Helena: não será tudo um pensamento gigantesco criado por um pensador magno?

– Bom – disse Helena –, sem dúvida, nesse território temos um vasto caminho a percorrer. De modo elíptico, quase imperceptível, até mesmo por vaidade e sentimento frustrado de onipotência de muitos de seus representantes, a ciência pede socorro a filósofos, até mesmo teólogos, para esclarecer seus enigmas. Por óbvio, não o faz explicitamente, ou nega importância às respostas que ainda procura. Mas, principalmente, os mais onipotentes acrescentam: Tais assuntos estão fora de nosso universo de pesquisa – ou de conforto – e podemos muito bem continuar a evoluir sem tratar dessas coisas do micro, que contatariam mesmo nosso senso comum, deixando as respostas para especialistas de outras áreas do conhecimento.

– Talvez eu esteja como aquelas pessoas que antes de observarem uma fotografia da Terra não acreditavam que ela fosse esférica, por não poderem sequer imaginar os antípodas.

– Vamos à nossa viagem. Estou pronta.

– Devemos esperar – disse Quanta – a abertura do *worm-hole*, a famosa passagem interdimensional de Einstein. Conforme combinei com meus *couniversais*, posso enviar-lhes um sinal e em cinco minutos, tempo daqui, se abrirá a passagem.

Decorridos cinco minutos, no local de Helena, a parede parece se encurvar, visualiza-se um caminho, e Quanta diz:

– Vamos.

Caminham e chegam ao novo mundo, e começam seu primeiro passeio.

Quanta:

– Vamos, primeiramente a um parque de diversões quântico. Mágicos, prestidigitadores, funambulistas, para lembrar a expressão de Zaratustra, estarão realizando suas proezas e convidando a participar de seus jogos.

As amigas se dirigem a um balcão, onde um prestidigitador, dispondo de duas caixas opacas, com a abertura virada para baixo, coloca uma bolinha de gude sob uma delas. A seguir, movimenta rapidamente as caixinhas, desafiando os assistentes a adivinharem sob qual das duas caixas a bolinha se encontra.

Para se habilitar à tentativa, o observador deve apostar determinada quantia em dinheiro. Acertando, recebê-la-á em dobro e, errando, o que é mais frequente, o ganhador será o dono da banca.

É óbvio que ao final de cada turno o prestidigitador erguerá as duas caixas, mostrando sob qual delas estava a bolinha. Geralmente, para evitar a percepção por ruído, usam moedas ou fichas plásticas.

A moeda, ou bolinha, estará certamente sob uma das caixas, independentemente do fato de o mágico levantar as duas ao mesmo tempo ou em sequência, começando, por exemplo, pelo palpite do jogador.

Dessa maneira, a probabilidade de acertar é de 50%, ou ½.

Quanta chama a atenção de Helena para um fato evidente no mundo "real", que passarei a chamar mundo macro: A moeda sempre estava debaixo de uma das caixas, independentemente do fato de ser observada ou não, e também da forma de observar, em sequência ou simultaneamente.

Helena apostou quatro vezes. Ganhou na primeira, na terceira e na quarta. Estava de sorte. Mas, conhecedora da Lei dos Grandes Números e das elementares conclusões da estatística, percebeu que quanto mais jogasse, mais o resultado se aproximaria de 50% de vitórias e 50% de derrotas, o que, em matéria de lucro, a deixaria em zero. Mesmo quando estamos nos divertindo – fazendo um joguinho desse tipo, por exemplo –, a inteligência é fundamental, mormente quando nos diz a hora certa de parar.

É claro que logo em seguida – alguns desde o início – o banqueiro do jogo introduziu mais uma caixa, aumentando um pouco o possível lucro do apostador em caso de acerto e, também, o valor da aposta. Com isso, a probabilidade de acerto baixava para 1/3, mas a grande sacada está em convencer o apostador de que não se trata de dar um palpite, pois o apostador acompanhava o movimento das caixas desde o início, quando verificava em qual delas estava a bolinha. Crente na rapidez de sua percepção, o apostador acredita ser fácil ganhar.

Mas, guardemos o essencial. No primeiro exemplo, acompanhado por Helena e Quanta, os acontecimentos ocorriam dentro das leis de um mundo macro. Desde que uma das caixas cobria a bolinha, ali colocada mecanicamente, até a tentativa de adivinhação, após vários e rápidos movimentos, havia uma bolinha embaixo de uma das caixas. E sempre da mesma. Assim, a probabilidade de encontrar a bolinha sob uma das caixas é de 100%, 1. Há uma bolinha sob uma das caixas do par, independentemente de observarmos ou não.

– Até aí, temos uma intersecção perfeita com teu mundo, tua mecânica e tua previsibilidade, com fenômenos independentes do observador que é, nesse plano newtoniano, mero espectador sem livre-arbítrio, disse Quantalice. Mas, agora vamos ao pavilhão quântico, assistir ao mesmo jogo com bolinhas quânticas.

Aproximando-se de uma grande bancada de laboratório, Quanta selecionou 20 pares de caixas, semelhantes às usadas pelo homem das apostas na primeira parte do parque que foi visitada.

Sabendo que resultados esperados poderiam sofrer flutuações estatísticas, Helena sugeriu o uso de um número maior de caixas.

Quanta concordou e aproveitou para lembrar Helena que, até o momento, embora reveladoras de fatos contraintuitivos, as equações da Física Quântica e suas previsões desconcertantes, até mesmo bizarras, não tiveram uma só falha.

Mas, atendendo ao pedido da amiga, selecionou 100 pares de caixas. Um equipamento quântico enviava uma bolinha *planck* – esse nome era dado em homenagem a Max Planck, criador da Teoria dos Quanta em 1900 – para cada par de caixas. O equipamento é simples e permite dividir a chamada função de onda do átomo. Nas experiências reais, faz-se a função de onda incidir num vidro de baixa transparência, de modo que parte o atravessa e parte é refletida. A parte que atravessa o vidro é mandada para uma das caixas do par e a que é refletida reflete-se agora totalmente num espelho, sendo enviada em direção à outra caixa.

Lembramos que o fenômeno da semitransparência é absolutamente corriqueiro. Você já se olhou diante de uma vitrine e terá visto uma imagem sua, de maior ou menor nitidez, e, ao mesmo tempo, será visto por alguém situado dentro da loja.

Se consegue ver sua imagem é porque parte da luz se refletiu no vidro e, se é visto por alguém de dentro da loja, é porque parte da luz, também difundida por seu corpo, atravessou o vidro.

Mas, em nosso universo, o macro tem propriedades do micro e, então, vamos simplificar.

Há uma abertura num cano ligado por dois desvios iguais, terminando cada um na entrada de uma caixa. Desse modo uma bolinha *planck* introduzida na abertura pode chegar a uma ou outra caixa, aleatoriamente. Quem preferir pode pensar na chamada função de onda, que retomaremos oportunamente.

Voltemos, então, a Quanta, Helena e seus 100 pares de caixas.

O equipamento terá colocado uma bolinha *planck* em cada par.

– Agora – disse Quanta –, vamos observar em que caixa de cada par estará a bolinha. Pode ir levantando uma caixa de cada par.

Helena foi levantando, aleatoriamente, uma caixa de cada par e verificou sempre, para cada dupla, que a bolinha estava numa ou noutra caixa. Jamais encontrou um par com as duas caixas contendo uma bolinha cada ou com as duas caixas vazias.

Até aí, um comportamento previsível e comum às partículas macro.

– Vamos repetir a experiência com outros 100 pares de caixas. – Falou Quanta.

As bolinhas *planck* – melhor dito suas funções de onda – são colocadas, em uma das caixas de cada par, como na primeira experiência e perto dos pares de caixas há uma tela.

Fazemos dois conjuntos de pares de caixas cada um com espaçamento diferente entre as caixas dos pares que o constituem. Então temos, no primeiro conjunto, 50 pares, estando as caixas de cada par separadas pela mesma distância x. Outro conjunto tem suas caixas separadas por uma distância y.

Abrimos simultaneamente cada par de caixas do primeiro par e obtemos na tela um padrão de interferência. Há regiões de acúmulo e regiões de ausência de bolinhas. Sendo as bolinhas de luz, teríamos regiões claras e escuras. Mas, para isso acontecer, cada bolinha teria que sair das duas caixas do par ao mesmo tempo. As bolinhas estão se comportando como ondas, apresentando interferência de anulação ou reforço.

Para que se obtenha tal tipo de comportamento é necessário que cada bolinha tenha saído das duas caixas ao mesmo tempo. Então, estava em dois lugares ao mesmo tempo.

Procedendo da mesma forma com as caixas do segundo par, separadas por distâncias diferentes, observamos também um padrão de interferência, porém com uma distância diferente entre as regiões de máximo e mínimo, relativamente à interferência das bolinhas do primeiro par.

Isso leva à surpreendente conclusão de que, de certa forma, as bolinhas precisariam saber a distância entre as caixas para determinar o caminho a percorrer. Começa-se a especular sobre algo duplamente proibido: grau de consciência das partículas.

– Agora, Helena – fala Quanta –, com um sorriso, vais descobrir, em cada par, onde está a bolinha, levantando as duas caixas ao mesmo tempo. Vais observar ambas as caixas de cada par simultaneamente.

Helena procede dessa maneira para cada par.

Surpresa!

Não é encontrada a bolinha *planck* em nenhuma das caixas, mas, na tela, forma-se a figura característica de um padrão de interferência, fenômeno próprio das ondas.

Formam-se na tela regiões de acúmulo – claras em comparação com ondas – e regiões ausentes de bolinhas – escuras em se tratando de ondas de luz –, alternadamente, identificando zonas de reforço e zonas de anulação.

Isso implica dizer que as bolinhas estavam, de certa forma, nas duas caixas ao mesmo tempo, como função de onda, probabilidade quântica, pois a interferência exige, no caso, duas fontes de onda separadas e as bolinhas seriam então essas fontes? E antes, onde estavam as bolinhas?

Antes de responder, vamos prosseguir, com uma Helena estupefata, visualizando em termos macros o que em seu mundo se cinge ao micro, vivenciando experiências que, para o macro, eram consideradas, pelo próprio manifesto de Copenhagen, como impossíveis.

– Mas, de fato, o que causou a mudança? – Pergunta Helena.

– A forma de perguntar, já entendida como fundamental por Anaximandro. A expectativa do fato, que cria o fato, a consciência do observador, tudo isso, como poderás me dizer, estranho aos argumentos da física tradicional.

– Mas, vamos fazer uma terceira experiência, que irá ampliar nossa visão relativamente à influência, vital para todos os conceitos da Física Quântica, da consciência do observador.

– Já sabemos que o modo de observar vai determinar se a bolinha está inteira numa das caixas ou em estado de superposição. Para estar em uma das caixas a bolinha terá de ter percorrido um só caminho. Para estar em ambas, terá ocorrido uma divisão na função de onda. Como o resultado estar numa das caixas ou em superposição é determinado na observação, terá essa influência no histórico da partícula, ou seja, no tempo? Veremos as possíveis teses.

– Vamos preparar dois conjuntos de pares de caixas, cada um com espaçamento diferente entre as caixas dos pares que o constituem. Então temos, no primeiro conjunto, 50 pares, estando as caixas de cada par separadas pela mesma distância x. Outro conjunto tem suas caixas separadas por uma distância y.

– Abrimos simultaneamente cada par de caixas do primeiro par e obtemos na tela um padrão de interferência. Há regiões de acúmulo e regiões de ausência de bolinhas. Sendo as bolinhas de luz, teríamos regiões claras e escuras. Mas, para isso acontecer, cada bolinha teria que sair das duas caixas do par ao mesmo tempo. As bolinhas estão se comportando como ondas, apresentando interferência de anulação ou reforço.

– Para que se obtenha tal tipo de comportamento, é necessário que cada bolinha tenha saído das duas caixas ao mesmo tempo. Então, estava em dois lugares ao mesmo tempo.

– Procedendo da mesma forma com as caixas do segundo par, separadas por distâncias diferentes, observamos também um padrão de interferência, porém com uma distância diferente entre as regiões de máximo e mínimo, relativamente à interferência das bolinhas do primeiro par.

– Isso leva à surpreendente conclusão de que, de certa forma, as bolinhas precisariam saber a distância entre as caixas para determinar o caminho a percorrer. Começa-se a especular sobre algo duplamente proibido: grau de consciência das partículas.

– Vou tentar explicar isso no meu livro. – Falou Helena. – Agora tenho as ideias mais claras. Enquanto não observada, a bolinha está em estado de superposição: está na caixa 1 e está na caixa 2 e não está na caixa 1 e não está na caixa 2 ao mesmo tempo.

– Enquanto não observada, não existe. A observação não somente altera o resultado procurado. Ela o produz. Há uma consciência, ainda não definida em termos científicos, de uma rigorosa teoria, que é criadora. Objetos quânticos não existem antes de serem encontrados. O que existe é a função de onda. – Completou Quanta.

– Lá, prosseguiu Quanta, no joguinho das moedas, havia uma moeda sob um dos copos antes da observação. As bolinhas quânticas só passaram a existir após observadas. E se tudo é construído a partir do universo microscópico, não será ele o mais real? Seria compatível com o mundo das ideias de Platão?

– Cabe uma observação importante, – continuou; quando levantamos uma das caixas do par, determinamos que a bolinha está inteira em uma das duas, mas não podemos escolher em qual. A aleatoriedade quântica se mantém. Aí uma diferença importante na probabilidade quântica: a função de onda fornece a probabilidade de encontrar um átomo num certo lugar, mas não a probabilidade de onde o átomo está, por uma razão muito simples: antes de ser observado, o átomo não está em lugar algum.

Como a criação envolve uma história, surge o questionamento de John Wheeler: Aquilo que existia anteriormente é criado pela forma como olhamos algo?

– Mas – disse Helena –, as experiências que visualizamos têm um certo grau de complexidade que deve ser superado para bem interpretá-las. Estive pensando no livro de divulgação científica que pretendo escrever, no qual quero pensar mais do que calcular, e sinto que, para meu leitor alvo, não especializado em Física, mas capaz de pensar e gostar de fazê-lo, faltaria dizer algo sobre fenômenos ondulatórios.

Quanta concordou e entenderam que, antes de observar outras experiências, Helena escreveria sobre ondas, de modo acessível, tanto quanto possível, e correto.

HELENA ESCREVENDO NO NOVO UNIVERSO

Vamos imaginar um meio elástico. Trata-se daquele meio cujas partículas tendem a se conservar numa posição de equilíbrio, retornando a essa quando dela afastadas por uma força qualquer. Podemos tomar como exemplo a superfície de um lago num dia sem vento, em que a água parece estar parada. Digo parece porque, na verdade, há um turbilhão de movimentos invisíveis em nível molecular, sem o que a temperatura atingiria o 0K (zero Kelvin, ou zero absoluto).

Mas, o que percebemos é a água parada.

Se jogarmos uma pedra num ponto qualquer sobre a superfície da água, será produzido o que chamamos abalo. As partículas da região atingida serão afastadas da posição de equilíbrio e, puxadas pelas forças elásticas, aquelas que tendem a recolocá-las na posição original, passarão a oscilar em torno da posição de equilíbrio.

A esse primeiro movimento, produzido pelo abalo, soma-se um segundo. As partículas em vibração – cada uma delas – transmitem essa vibração às partículas vizinhas. Temos a formação de uma onda: uma vibração que se propaga em determinado meio.

Entram em jogo aqui duas velocidades: aquela com que cada partícula vibra em torno da posição de equilíbrio, executando, em termos ideais, um Movimento Harmônico Simples (MHS), que é variável, atingindo valor máximo ao passar pela antiga posição de repouso, ora num sentido e ora noutro e valor zero, nas extremidades, quando muda seu sentido de movimento, sempre procurando a posição de repouso.

Uma segunda velocidade é aquela com que a vibração se propaga às partículas vizinhas. É a chamada velocidade de onda e é uma característica do meio.

Podemos jogar uma pedra na água com mais ou menos força. Produziremos vibrações de maior ou menor amplitude. Também podemos colocar um vibrador que golpeie a superfície líquida mais ou menos vezes por segundo. Estaremos aumentando ou diminuindo a frequência. Mas, enquanto se tratar do mesmo meio, a velocidade de propagação será a mesma.

Vale dizer que um abalo forte ou fraco produzido no meio de um mesmo lago levará o mesmo tempo para chegar à margem.

Quando se propaga uma onda, vamos imaginar a partir de um ponto em que começou o abalo; cada novo ponto a ser atingido começa a vibrar com a mesma frequência, mas não no mesmo instante. Então imagine um ponto que comece a vibrar no exato momento em que o primeiro completou uma oscilação e começa a segunda. Esses pontos estarão vibrando de modo a se acompanharem em seu movimento vertical. Dizemos que vibram em concordância de fase.

Outros há que começam suas vibrações em momentos nos quais o ponto inicial completou meia oscilação, ou uma e meia, etc.; enfim, começam sua vibração para cima quando o primeiro ponto, tendo completado meia oscilação, começa seu movimento da posição de equilíbrio, para baixo. Esses pontos vibram em oposição de fase. Quando um está subindo, o outro está descendo, na mesma posição vertical e com velocidade de mesmo valor e sentido contrário. Poderíamos falar num movimento estilo gangorra.

Numa onda, sempre ocorre transmissão de energia. Se jogarmos uma pedra num lago, a poucos metros de um barquinho que nele flutua, em pouco tempo veremos o barquinho oscilar. Terá sido transmitida energia a ele, pela oscilação chegada ao local em que flutua.

Mas, atenção: não há transmissão de matéria. Nenhuma molécula de água viaja do local original do abalo até onde chega a vibração, assim como quando fazemos vibrar uma corda, segurando-a por uma das extremidades, nenhum pedaço do material, corda, se transporta de um ponto a outro. O que se transmite, insista-se aqui, é energia.

Assim evitamos a confusão de pensamento dos que pensam que uma onda viaja em movimento semelhante ao do andar de uma minhoca. Aquela curva senoidal com que representamos uma onda transversal é tão somente uma foto instantânea das partículas em vibração num certo instante. Permite visualizar as partículas que vibram em concordância e em oposição de fase.

Então, representando a figura tradicional – instantâneo das partículas do meio – podemos visualizar os elementos básicos da onda:

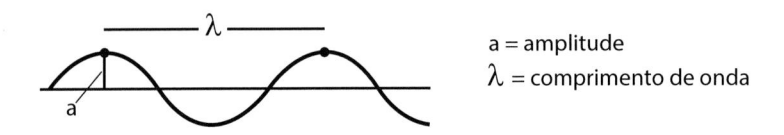

a = amplitude
λ = comprimento de onda

Elementos característicos:
Comprimento de onda: λ – distância entre dois pontos consecutivos que vibram em concordância de fase.

Frequência: f – número de vibrações por segundo. Mede-se em *hertz* (Hz).

Velocidade de propagação: v – também chamada velocidade de onda.

A equação que relaciona esses três elementos é: $v = \lambda f$.

Ainda existe a amplitude, que é o afastamento máximo da posição de equilíbrio a que chega uma partícula em vibração e aumenta com a energia comunicada à fonte.

Como *v* é constante para um mesmo meio, o comprimento de onda e a frequência são inversamente proporcionais. Quanto mais curta é a onda, maior sua frequência.

Nas ondas sonoras, a frequência caracteriza a nota musical e, como já visto, permite classificar os sons em graves e agudos.

Nas radiações eletromagnéticas – luz –, a frequência caracteriza a cor, em relação ao espectro visível, e a fórmula de Planck, à qual voltaremos, estabelece que a energia transportada por um fóton de radiação eletromagnética é diretamente proporcional à sua frequência.

Vamos classificar as ondas e estudar seus fenômenos característicos, o que será importante para compreendermos as novas experiências que vamos fazer com as bolinhas *planck*, estudando o mistério, às vezes incômodo, mas inegável, da ação da consciência, sugeriu Helena, que continuava a escrever seu capítulo sobre ondas.

Quanta concordou com a amiga e, deixando-a sozinha por instantes, para melhor se concentrar, foi ao novo pavilhão onde se tentava, nas condições de um mundo Helena, produzir interferência – isso implica bilocação – com macropartículas.

Ouvira dizer que no mundo de Helena já havia algumas tentativas bem-sucedidas nesse sentido, apesar dos copenhaguistas, e que, segundo os pesquisadores, chegar a experiências tipo das do mundo de Quanta, ou seja, com objetos macro, seria uma questão de tecnologia e orçamento.

Enquanto isso, Helena continuava:
– Sabemos que, quanto à forma de propagação, há dois tipos de ondas: transversais e longitudinais.
– Nas transversais, a direção de propagação é perpendicular àquela em que vibram as partículas do meio.
– Quando jogamos uma pedra na água, as partículas do líquido vibram na vertical, e a vibração se propaga pela superfície horizontal do lago.
– Nas ondas longitudinais a direção de vibração das partículas é a mesma em que o abalo se propaga.
– O som se propaga no ar por meio de compressões e rarefações na massa gasosa. As partículas vibram, comprimindo-se ou afastando-se na mesma direção em que a onda se propaga.
– Existem fenômenos que são característicos, específicos, das ondas: difração, interferência e polarização. Vamos comentá-los, tratando antes do Princípio de Huygens-Fresnel, necessário a seu entendimento.

Lembramos que quando de modo apaixonado – o que nunca é bom num debate, principalmente científico – os físicos discutiam a natureza do elétron, dentro da possibilidade de ser onda ou partícula, cada vez que se verificava esse apresentar fenômenos ondulatórios, o partido ondulatório comemorava e seus seguidores afirmavam: "É onda, logo não pode ser partícula".

Embora a primeira parte do raciocínio estivesse correta, porque eram verificados comportamentos característicos das ondas, a conclusão restritiva, de certa forma maniqueísta, porque excludente, embora autorizada pelo senso comum, não o era pela natureza.

O inverso ocorria quando o elétron apresentava características de corpúsculo.

A luz se fez com a transformação do ou, excludente, num e dependente do observador. Brilhava mais forte o sol da Quântica. O nobre francês De Broglie tinha o *insight* que lhe daria o Nobel.

Estabeleceu que as coisas são do modo que decidimos observá-las.

Volta-se à influência da pergunta.

De Broglie cria a noção de complementaridade e do dualismo.

Se perguntado se o elétron era onda ou partícula, certamente responderia: depende do modo como o observamos.

De Broglie estabelece uma equação que invade território proibido na Física clássica. Uma partícula material se caracteriza por massa e velocidade, ao passo que uma onda possui comprimento de onda e frequência. Associando a energia de uma partícula com a de um fóton, De Broglie chegou a uma equação que determina o comprimento de onda λ associado ao movimento de uma partícula de massa m (dualismo).

Também verificou De Broglie que quanto maior o tamanho de um ente observado, mais se salientam as características de partícula em detrimento das de onda e quanto menor a dimensão do elemento observado, mais se salientam os caracteres ondulatórios, em detrimento dos corpusculares.

Assim, aplicar a equação de onda para determinar o lugar em que está parado um caminhão, a incerteza acarretada pelo uso da equação de onda é menor do que o erro cometido ao medir o comprimento do veículo e, assim, não tem sentido considerá-la.

É como se formos medir o comprimento de uma sala sabendo que nessa medida cometeremos um erro da ordem do centímetro. Quer dizer, haverá um erro, uma imprecisão de alguns centímetros. Pergunto. Teria sentido tentar corrigir essa medida em alguns milímetros? Evidentemente não.

Pensem no terceiro algarismo após a vírgula, colocado nos postos de combustível – em tamanho pequeno, talvez para justificar a vergonha de utilizá-lo – para determinar o preço do litro. Não temos milésimos na nossa moeda e, o que é pior: o erro cometido ao medir o número de litros fornecidos é necessariamente maior do que o milésimo.

Mas, sabendo que os concorridos blocos do "eu-quero-te-enganar" e do "me-engana-que-eu-gosto" fazem um casamento perfeito, voltemos à Física.

De Broglie, estudante de artes e depois físico teórico, demonstrou o que Bohr havia postulado em relação aos elétrons e suas possíveis órbitas: os elétrons poderiam ocupar as órbitas em que coubessem números inteiros de seus comprimentos de onda. E o que vibra nessa onda? Ainda é um mistério.

Se quero saber se um elétron pode permanecer numa certa órbita, divido o comprimento da órbita pelo comprimento de onda do elétron. Sendo o resultado inteiro, a órbita é possível.

Retomemos o artigo de Helena, explicando o princípio de Huygens.

– Exemplificando com o som.

– Você já deve ter observado que é possível ouvir uma pessoa falar mesmo estando atrás dela. Também, se um falante colocar a mão na frente da boca, embora o som não atravesse a mão, será ouvido por pessoas à frente de quem está falando. Ainda se houver um anteparo que isole o som e nesse anteparo uma fenda, o som não será ouvido no outro lado somente em linha reta, traçada da fonte até os bordos da fenda, no outro lado do obstáculo. Mais, mudando de onda. O raio de sol que entra por uma fenda numa persiana não ilumina só em linha reta traçada da posição do sol e atravessando as bordas da persiana. Há uma claridade difusa além desses limites. O fenômeno se chama difração e sua explicação reside no princípio de Huygens.

– Começamos pela experiência da passagem estreita, fenda, em um obstáculo que não permite a passagem da onda.

– Huygens verificou que quando uma onda encontra um obstáculo em que existe uma abertura, da ordem de grandeza de seu comprimento de onda, ao menos um ponto dessa abertura entra em vibração, na mesma frequência da onda que o atinge.

– Esse ponto, ao vibrar, se transforma numa nova fonte, menor, dizemos fonte elementar, da onda original, propagando-a para além do obstáculo. O mesmo ocorre com qualquer ponto do ar atingido por uma onda sonora. Verificamos, nesse caso, porque alguém situado atrás de quem fala consegue escutá-lo.

– O som produzido a partir das vibrações ocorridas nas pregas vocais do falante se transmite por meio do ar que ele sopra e põe em vibração as partículas do ar circundante. Como o impulso original é para a frente da boca, mais pontos nessa região são atingidos. No entanto, tais pontos, ao vibrarem, transmitem a vibração em todas as direções – fontes elementares –, de modo que pontos mesmo fora da que poderíamos chamar direção básica da emissão, são postos a vibrar. Ensina Huygens que a vibração total em cada ponto será a soma das vibrações parciais recebidas por ele. Por isso, quem está atrás de uma fonte sonora escuta com menos volume do que quem está à sua frente. Os pontos nessa região posterior recebem vibrações produzidas por menos fontes elementares.

– Um metro à frente de uma fonte teremos mais pontos atingidos pela vibração original e mais fontes elementares do que atrás da fonte primordial.

– Assim se explica a difração.

– Quando determinada onda não consegue transpor um obstáculo – não consegue se propagar por meio dele –, faz curvas para contorná-lo e se recompõe, seguindo adiante. Não fosse esse fenômeno e, partindo de uma fonte de ondas puntiforme, após um obstáculo que a onda não atravessa, deveríamos ter uma zona de silêncio cada vez maior (figura abaixo). Tal não acontece porque os pontos situados na suposta zona-limite se comportam segundo o princípio de Huygens, refazendo a onda.

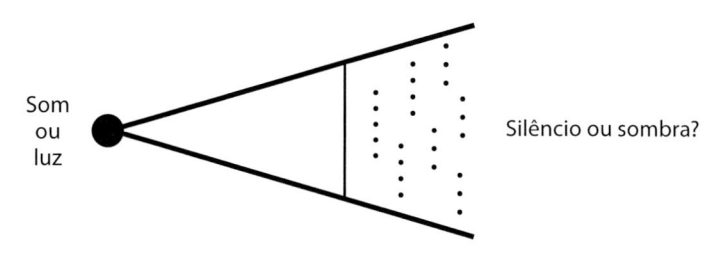

— Deve-se notar que quanto maior a frequência da onda, mais curta ela é, mais direcional é sua propagação e menor a capacidade de difração.

Nesse ponto, Helena não resiste a uma analogia. Pensa: De nada adianta discutir com fanáticos de qualquer seita, seja ela política, religiosa, ou o que for. Seus adeptos são impenetráveis em relação a novas ideias. As ondas do progresso não penetram seus crânios de dureza dinossáurica e sua reação ao novo é de uma ferocidade tiranossáurica.

— Então, vale aprender com as ondas. Não insistir em atravessar o obstáculo, gastando energia. Simplesmente contorná-lo e prosseguir a marcha, ganhando novos espaços capazes de transmitir boas vibrações.

Helena, a essa altura, era puro entusiasmo. Admirava-se de como as ideias fluíam com facilidade. Seria efeito desse novo mundo?

Particularmente, acredito que não. Somos os criadores da realidade. Somos os arquitetos de nosso destino. Helena estava bem sintonizada. As novidades haviam oxigenado seu cérebro, renovando sua percepção, alargado seus horizontes.

Helena experimentava o fascínio de mergulhar no mistério. Sem medo. Este último tem o perverso poder de transformar oxigenação em oxidação.

Muito feliz, pela facilidade com que sentia estar escrevendo, Helena pensou em fazer uma pausa e ir ao encontro de Quanta. Afinal, a amiga responsável por essa nova visão de mundo precisava participar de sua felicidade.

Mas por que não aproveitar a onda, o embalo, a inspiração do momento e continuar? O que fazer? A função de onda de Helena estava distribuída. Nesse momento, Quanta, diante de um experimento, pensou em Helena. Ocorreu o colapso onda-partícula – Helena estava diante de Quanta.

– Como vim parar aqui? – Perguntou

– De certa maneira já estavas aqui, numa função de onda de alta probabilidade. Tua ondulatoriedade aqui era intensa.

– Mas, de certa maneira, o que ocorreu foi um teletransporte.

– De certa maneira, sim – falou Quanta –, mas há muitas variáveis envolvidas. A sintonia pelo pensar simultâneo, o fato de já termos tido contato e termos interesses comuns, o que nos emaranha...

– Tudo bem – disse Helena –, mas vocês dominam esse processo?

– Não muito além das experiências incipientes que vocês logram realizar naquele mundo em que o continente não reflete as propriedades do conteúdo. O que te posso dizer é que o fenômeno ocorre em determinadas circunstâncias de cujas condições de contorno não temos amplo domínio e envolve um tipo de energia ainda tabu no teu universo: a energia do pensamento.

– Mas isso é absolutamente fantástico. Precisamos desenvolver esse estudo.

– Deixa assim, por enquanto. Não faltará um copenhaguista para dizer que não interessa saber por que funciona. E, nesse caso, não funcionará. O uso controlado da energia da mente depende de um alinhamento entre pensamentos, ações e emoções – falou Quanta. – Apesar da efetividade do fenômeno, sua não repetibilidade e a falta de uma teoria testável ainda não lhe dão cidadania acadêmica.

– Vamos nos preocupar com o que já temos. E, falando nisso, escreveste a parte de teu livro que querias completar antes de novas experiências com a ação da consciência e com o dualismo?

– Terminei uma parte importante e queria, antes de continuar, o que pretendo fazer em seguida, tua opinião a respeito do didatismo da exposição. Como sabes, não sou escritora de ofício e sei, de estudos sobre a comunicação, que o que é comunicado não é o dito ou inferido pelo comunicante, mas o percebido pelo receptor.

– Lerei com prazer. Vamos a teu escritório improvisado.

Prepararam um chá, com cuidado de não olhar para a água na chaleira antes de ferver, para não retardar a ebulição, o que provocou de Helena a observação de que naquele universo o pensar era fundamental e fez Quanta responder que o próprio universo era um pensar com o qual só sintonizamos, de fato, pensando.

Após a pausa, cheia de surpresas, Helena retoma seu escrito sobre ondas, cuja clareza a amiga elogiara.

– Onde parei mesmo? Em que pensava, perguntou Helena pós-chá para Helena antes de interromper o trabalho.

– Ah, lembrei. Estudava a difração – a propriedade das ondas de se encurvarem para contornar obstáculos – e fazia algumas ilações com nosso comportamento. Deliciava-me ao observar o fluxo espontâneo dos pensamentos e a facilidade com que transpunha para a máquina o fluir de ideias.

Pois bem, continuou Helena:

– Falávamos das propriedades das ondas e havíamos estudado a difração.

– Outra propriedade das ondas: interferência.

– Vamos imaginar duas ondas iguais, de mesma frequência, produzidas por fontes diferentes, operando em fase. Para comparar, isso quer dizer que, se estivéssemos estudando a oscilação de dois balanços iguais, ambos teriam começado a oscilar no mesmo instante, ao serem empurrados num mesmo sentido. Suas posições individuais serão sempre coincidentes.

– Assim vibram as duas fontes de ondas.

– Os pontos do espaço vizinho serão atingidos por vibrações provenientes de ambas as fontes. Assim, sofrerão abalos, empurrões, consequentes das vibrações que se propagam no espaço em que se encontram.

– Aí ocorrem duas situações especiais. Alguns pontos serão atingidos no mesmo instante, por dois empurrões no mesmo sentido. Como se uma pessoa estivesse empurrando um balanço, ordenadamente e, no momento em que o balanço completa uma oscilação e recebe um novo empurrão, do mesmo agente, outra pessoa chegasse, empurrando com a mesma força e na mesma direção e sentido. Esses empurrões se reforçariam e o balanço atingiria uma amplitude máxima, correspondente ao dobro da atingida em consequência de um só impulso. A isso chamamos interferência de reforço.

– Há outros pontos, entretanto, que são atingidos por impulsos em oposição de fase. Quando o ponto, qual um balanço ou pêndulo, recebe uma força num sentido, recebe outra de mesmo valor em sentido contrário. Evidentemente, fica parado. As vibrações se anulam. Temos uma interferência de anulação.

– Podemos fazer essa experiência com luz coerente, que fazemos incidir sobre um obstáculo com duas fendas, de largura de ordem de grandeza correspondente ao comprimento da onda da luz utilizada. Após o obstáculo colocamos uma tela (figura a seguir).

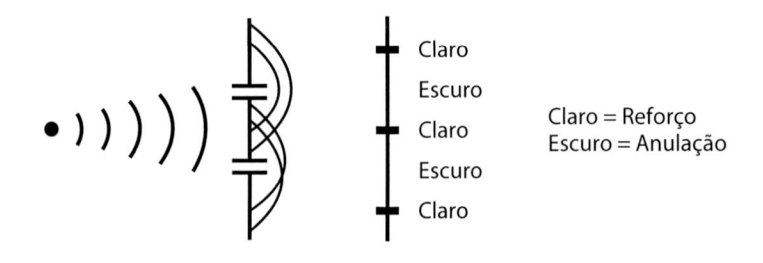

Claro
Escuro
Claro
Escuro
Claro

Claro = Reforço
Escuro = Anulação

– Cada passagem, de acordo com o Princípio de Huygens, funcionará como uma nova fonte elementar de luz, com a mesma frequência da original. Se a fonte estiver equidistante das fendas, estas funcionarão como fontes elementares coerentes (em fase).

– Na tela ficarão marcadas regiões claras e escuras, correspondentes respectivamente aos pontos em que houve interferência de repouso e de anulação.

– Dá no mesmo se fizermos incidir diretamente na tela luz proveniente de duas fontes equidistantes da tela, na condição de que produzam luz de mesma frequência.

Interrompemos o capítulo de Helena, que estamos publicando junto e perguntamos, pois estamos acompanhando a experiência de Helena em estado de emaranhamento com ela, para somar observações.

Lembram a experiência dos pares de caixas equidistantes da tela, uma vazia e outra com uma bolinha *planck*? Quando abertas simultaneamente, era exibido na tela um padrão de interferência, o que significa que a bolinha *planck* estava nas duas caixas ao mesmo tempo? Estava em estado de superposição e só na chegada à tela colapsava como bolinha, mas desenhando um padrão de interferência?

Falamos que, para tanto, as bolinhas de *planck*, à moda de nossos elétrons invisíveis, deveriam saber a distância entre as caixas para escolher o caminho a seguir. Chegamos até a falar em grau de consciência das partículas, tendo presente, na nossa, para que tudo fique dentro da ex-excluída consciência, que podemos sofrer alguma ameaça de excomunhão acadêmica. Não importa. A academia que excomunga tem em comum com as seitas fanáticas a pretensão de dona da verdade e aversão ao novo.

Mas isso é outra história.

Por que sabemos que os elétrons, em certa medida, deveriam saber a distância entre as caixas, para escolher o caminho que os levaria a incidir sobre a tela nas regiões correspondentes à interferência de reforço?

É simples.

Nas condições descritas para experiência com a luz, podemos determinar as regiões em que ocorrerá interferência de reforço ou de anulação.

Em todos os pontos da tela cuja diferença de distâncias até as fontes, ou fendas, conforme o aparato, for igual a um número par de meios comprimentos de onda, haverá reforço. Os impulsos chegarão se somando.

Para se agruparem na tela, nas regiões correspondentes a um padrão de interferência de reforço, as bolinhas *planck*, ou os elétrons, devem escolher caminhos certos que dependem da distância entre as caixas, uma vez que, em função dessas distâncias, o lugar da tela em que ocorre cada franja de interferência é diferente.

Mas, Helena continuou a escrever sobre as características das ondas.

— Como examinamos, prosseguiu, difração e interferência são fenômenos característicos das ondas e ocorrem tanto com as transversais quanto com as longitudinais.

— Há ainda um fenômeno ondulatório importante que ocorre só com ondas transversais. É a polarização.

— Como todas as ondas eletromagnéticas são transversais, podem ser polarizadas.

— O fenômeno consiste em fazer todas as partículas vibrarem num só plano.

— Por exemplo: Se pegarmos a extremidade livre de uma corda e começarmos a balançá-la, veremos que, em seguida, todos os pontos da corda estarão vibrando.

— Mas, nem todos estarão vibrando no mesmo plano. Mesmo que vibremos a mão somente na vertical, haverá pontos da corda oscilando em diferentes direções. Quer dizer que a onda não está polarizada.

— Se, a partir de um certo ponto da corda, colocarmos um anteparo, com uma fenda de abertura correspondente à sua largura e disposta, por exemplo, na vertical, a partir dela só teremos vibrações verticais. As outras não passarão. A onda estará polarizada.

— O mesmo pode ser feito com a luz.

— Um polarizador é um dispositivo transparente que só permite a passagem de luz num plano de vibração – vertical, por exemplo. A luz normal, não polarizada, vibra em múltiplas direções.

— Após o polarizador, com eixo de polarização vertical, só haverá vibração nesse plano.

— Para testar, poderemos colocar no caminho da luz, após o polarizador, outro do mesmo gênero, só que com o eixo de polarização na horizontal. Não haverá luz após o segundo polarizador, que será chamado analisador, pois esse terá recebido só vibrações verticais e só permite a passagem das horizontais.

Dado por findo o pequeno resumo para esclarecer as propriedades da luz, Helena foi ao encontro de Quanta.

— Estou pronta, após uma revisão rápida a respeito das ondas, para visualizar novas experiências. Estou segura de poder interpretá-las melhor e futuramente transcrevê-las para meus leitores. Espero que não existam apenas como probabilidades, mas possam colapsar como entidades reais, no nosso sentido macro. E ainda temos alguns tópicos sobre a criação da história da partícula pelo observador, que não podemos deixar de comentar.

— Então, disse Quanta, vamos deixar de lado as caixas e partir para os canhões de elétrons. Hoje eles estão disponíveis para uso, embora o pessoal do laboratório esteja extenuado. Estiveram aqui, pela manhã, os superficiais. Seres de um espaço bidimensional, que pensavam que éramos mágicos, milagreiros e consideravam proibidas expressões como "para cima e para baixo", uma vez que em seu mundo plano só existem duas direções e quatro sentidos: para frente, para trás, para a direita e para a esquerda.

— Mas, por estarem no momento adequado ao salto evolutivo, puderam ter sua percepção estendida à terceira dimensão, o que, como podes imaginar, não foi fácil, tendo sido a maior dificuldade fazê-los olhar para o desconhecido, o que necessitava romper as cadeias do grande inimigo: o medo.

NOVAS EXPERIÊNCIAS COM QUANTALICE

— Vamos aproveitar a possibilidade e observar as experiências macro com os canhões de elétrons que aqui irão disparar as bolinhas *planck*.

Quanta continua:

– No teu universo, a revolucionária experiência da dupla fenda foi realizada pela primeira vez em 1935 utilizando elétrons e sua propriedade de difração. Agora, já é possível utilizar átomos. E o interessante é que o fenômeno base da experiência, difração de elétrons, foi descoberto acidentalmente pelos físicos americanos C. J. Davisson e L. H. Germer, em 1927. É de certo modo estranho que eles não se deram conta de que estavam descobrindo a difração de elétrons – lembra que a difração é uma propriedade das ondas, e elétrons eram considerados partículas. Eles estudavam espalhamento de elétrons.

– Será que existe alguma mão invisível guiando o avanço do conhecimento? Mas não é da nossa esfera esse tipo de especulação. Vamos aos experimentos.

Na grande sala havia três canhões e, à frente de cada um, um obstáculo com duas fendas e, após esses, telas que receberiam o que fosse emitido pelos canhões e passasse através das fendas.

O primeiro canhão emitiria luz coerente – quer dizer, monocromática; frequência única, ou frequências muito próximas.

O segundo canhão emitiria esferas normais, do tipo bolinhas de gude do universo de Helena, que teriam comportamento de partículas.

O terceiro dispararia bolinhas que permitiriam a visualização, em termos macro, daqueles fenômenos que no universo de Helena só aconteciam com micropartículas.

Disparado o primeiro canhão, a luz difratada, ao atravessar as fendas, produz na tela raias claras e escuras correspondentes ao conhecido fenômeno de interferência. Veem-se faixas muito claras, correspondentes a regiões em que as vibrações de luz chegam em fase, isto é, vibrando no mesmo sentido e se somando – interferência de reforço – e faixas em que as vibrações se anulam – interferência de anulação.

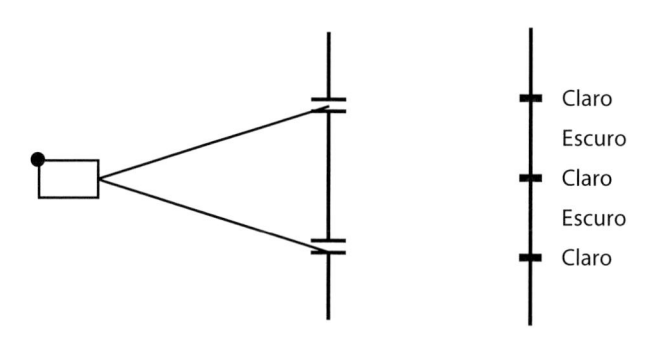

Claro
Escuro
Claro
Escuro
Claro

Até aí, nada de novo.

Na tela colocada após o anteparo, que se interpõe entre ela e o segundo canhão, as bolinhas de gude, seguindo as previsões de Copenhagen, de acordo com o dia a dia do mundo de Helena, têm aquele comportamento que chamamos normal: passam por uma fenda ou por outra, diferente das ondas que passam pelas duas ao mesmo tempo, ou colidem com o anteparo, sendo detidas.

Então, na tela, formam-se duas faixas de aglomerados de bolinhas, e nada mais.

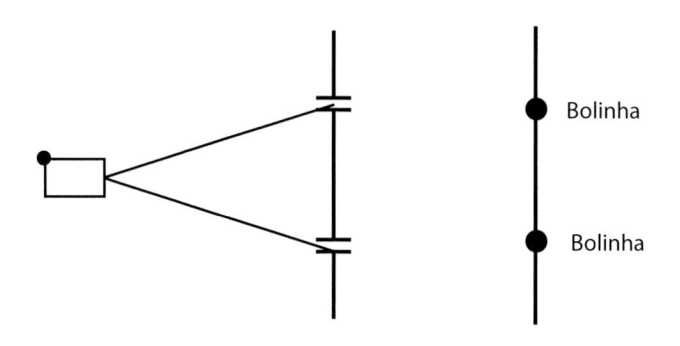

Bolinha

Bolinha

Agora, utiliza-se o terceiro canhão: aquele que dispara bolinhas, que, embora macro, têm um comportamento quântico – nossas já conhecidas bolinhas *planck*.

E o que acontece? As bolinhas se dispõem sobre a tela, desenhando um padrão de interferência, equivalente ao obtido a partir dos disparos de luz efetuados pelo canhão 1.

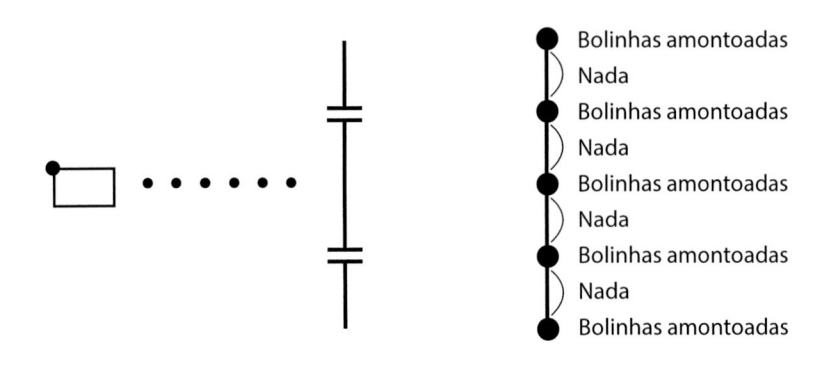

- Bolinhas amontoadas
- Nada
- Bolinhas amontoadas
- Nada
- Bolinhas amontoadas
- Nada
- Bolinhas amontoadas
- Nada
- Bolinhas amontoadas

Isso implica atribuir às bolinhas *planck* um comportamento ondulatório. Sua função de onda as mantinha, até serem observadas no impacto contra a tela em estado de superposição, o que vale dizer que passavam e não passavam pelas duas fendas ao mesmo tempo; passavam e, simultaneamente não passavam por uma delas ou por nenhuma.

Seguiam caminhos especiais, amontoando-se nas diversas faixas em que, para a luz, ocorre interferência de reforço e ausentando-se das faixas que corresponderiam à interferência de anulação.

Helena já conhecia essa experiência, mas com micro-objetos, átomos e elétrons, por exemplo, e então perguntou:

– Seria possível colocar um contador Geiger, à guisa de observador, numa das fendas, disparar as bolinhas uma a uma, como foi feito, para verificar por qual das fendas realmente elas passam?

– Vamos fazer e ver o que acontece. – Concordou Quanta.

– Colocar o observador, Helena, corresponde a optar pela experiência "por qual das fendas". Isso provocará o colapso da função de onda e cada bolinha passará por uma, e somente uma, fenda. Adotará o comportamento de partícula.

Fizeram a experiência e obtiveram na tela a figura idêntica à produzida a partir dos disparos do canhão 2. As bolinhas, em seu comportamento, eram simplesmente partículas materiais.

– E se ficássemos espiando as fendas de longe? – Questionou Helena.

– Helena, lembra que uma partícula quântica pode estar em estado de superposição, por exemplo, como função de onda, probabilidade, ou colapsada como partícula, mas jamais podemos observar as duas situações ao mesmo tempo.

– Na experiência das caixas, enquanto não observada, a função de onda está distribuída nas duas, em superposição. A observação faz com que esteja integralmente numa ou noutra.

– Também podemos lembrar que a primeira experiência foi feita em 1935 e nela se verificava claramente a possibilidade de o elétron se comportar às vezes como onda e às vezes como partícula. E foi só no final do século passado que os cientistas tiveram a coragem de fazer a inquietante pergunta:

– Tudo bem, o duplo comportamento do elétron é inegável. Mas o que produz esse dualismo?

– E chegaram à mais surpreendente conclusão da ciência contemporânea:

– O agente que determina o comportamento a ser adotado pelo elétron é a consciência do observador. Este modifica o comportamento dos entes atômicos e subatômicos pelo simples ato de observar.

Abrem-se as portas dos laboratórios e a consciência é convidada a entrar, embora na visão tradicional não seja, ainda, algo perfeitamente definido, e seu ingresso provoque alguns narizes torcidos.

Copenhagen teria evitado a pergunta e prosseguido com o *fapp*.

– Mas, já discutimos – disse Helena – que a consciência pode até mudar o histórico das partículas. Quando retornar dessa visita, vou escrever sobre isso. Não sei se submeto esse escrito a meu orientador...

– Apresenta um relatório de fatos – sugeriu Quanta –, sem entrar nos porquês, que precisariam se socorrer da Filosofia, o que não agrada a alguns pesquisadores que têm como lema: "Não questiona, calcula. Isso já é o bastante!".

– É uma boa. É o que farei, ao menos de início, gizando algumas dúvidas, para, quem sabe, despertar uma curiosidade que, se for maior que o medo, irmão siamês da acomodação, ensejará novos rumos a serem pesquisados.

– Só que vou escrever por aqui, para, se necessário, rever algumas experiências e te consultar.

– De acordo.

Helena retoma seus escritos:

– Observa-se, nesse novo e misterioso universo, provavelmente o único real, embora seu comportamento seja conflitante com o conceito tradicional de realidade, que para adotar determinados comportamentos, as partículas, elétrons ou átomos, nas experiências lá do meu universo, precisam, de certa forma, saber, ter consciência de alguns fatos, como, por exemplo, a distância entre as fendas. Isso vai determinar as regiões para onde poderão se dirigir.

– Mas, existe ainda mais no terreno do inesperado. Para adotar um tipo de manifestação, o que só é decidido no momento de observar, a partícula precisa ter vivido uma história diferente, para cada observação escolhida. Isso implica, de certa forma, que o olhar do presente pode modificar o passado? Perderá o passado, nesse estranho mundo quântico, ser mutável? Perderá a verdade histórica, fundamentada na unicidade e realidade absoluta do passado, seu caráter absoluto?

– Em termos simples. Para se manifestar num certo ponto B, como uma bolinha vermelha, a partícula terá percorrido um caminho que a faz passar por dentro de uma tinta vermelha. Para chegar no mesmo ponto com a cor verde, terá a partícula de, em seu caminho, passar por uma lata de tinta verde. Antes da observação, ela se encontra numa superposição de estados vermelho e verde. O momento da observação determinará sua manifestação como verde ou vermelha. Mas a manifestação colapsada exige que um caminho específico tenha sido percorrido.

— Isso faz parte da história da partícula e mudar a história é produzir uma alteração num tempo passado. Seria mais esse fato contraintuitivo possível?

Helena lembrou que John Wheeler, cosmólogo, havia sugerido e experimentado nesse terreno em 1984 e logo lhe vieram à mente as famosas experiências de efeito retardado de Alain Aspect, o físico que comprovou as ações não locais com as partículas gêmeas, derrogando um dos postulados fundamentais do chamado materialismo realista, de que vamos tratar adiante.

— Por razões que desconhecemos e contrariando nosso conceito de realidade — escreveu Helena —, a escolha da observação modifica a atitude passada da partícula, que parece voltar no tempo e fazer nova escolha.

— Haverá aqui, neste universo de Quantalice, alguma experiência macro, demonstrativa desse fenômeno? — Perguntou-se Helena, abandonando suas anotações e indo ao encontro de Quanta.

É claro que naquele mundo da quântica ocorrendo em macro partículas, da visualização direta do diretamente invisível, as experiências de tempo retardado existiam.

Quanta levou Helena a um grande pavilhão azul, em cuja entrada se lia: *Além dos Aspectos Conhecidos da Relatividade do Tempo*. Havia, mais abaixo, outro escrito: *Mude o passado agindo no presente*.

Lá existia um "emissor de gelatinas de luz".

Um dispositivo que lançava visíveis massas de luz *wheeler*, cujo deslocamento pelo espaço se podia acompanhar visualmente.

Quanta explicou:
— Essa massa de luz se propaga, nesse ambiente especial em que o dispositivo está colocado, com uma velocidade pequena e, nesse ambiente, essa é a velocidade-limite.

— Então, vamos disparar essa massa *wheeler* contra aquele anteparo onde existe uma passagem circular, 100 metros antes de uma tela.

– Observa, Helena, que a massa fotônica passa pela abertura, adquire a forma circular e, ao colidir com a tela, nela desenha um círculo.

Helena deliciava-se com o fato de estar acompanhando visualmente o deslocamento, em enclave especial, de uma massa de luz diferenciada.

Mas, de resto, sem novidade.

– Nas experiências de meu próprio mundo – pensava Helena –, se um feixe de luz atravessar uma passagem circular num obstáculo, desenhará, numa parede localizada adiante, um círculo. Como aqui.

– Agora, a novidade! – Advertiu Quanta: Mantemos a experiência. Uma massa de luz *wheeler* atravessa uma passagem circular num obstáculo e se dirige a uma tela. Antes de a luz atingir a tela, trocamos a passagem circular por onde ela passou por uma passagem quadrada.

Assim procede Quanta.

A massa de luz passa pelo círculo. As amigas acompanham a massa gelatinosa, de forma esférica, avançando para a tela. Antes de essa massa de luz chegar à tela, Quanta troca a passagem circular do anteparo por uma passagem em forma de quadrado. A luz já passou por ali. Nada mais está passando pela abertura do obstáculo.

Mas, no momento em que a passagem circular é substituída por uma quadrada, a luz, lá adiante, no mesmo instante, sofre uma transformação e, ao bater na tela, desenha um quadrado. Helena não consegue conter sua emoção. A coragem de olhar para o novo pode criar o novo.

Mais tarde, Helena escreveu:

– Vi a realização da pergunta de John Wheeler: "Será que nossa maneira de olhar para o passado pode alterá-lo?".

– No mundo quântico, certamente. E quanto ao nosso – continuou Helena –, em múltiplos aspectos e por algum tempo, continuaremos a ser Horácios, ouvindo de Shakespeare: "Entre o céu e a Terra, Horácio, há mais do que alcança sua vã filosofia".

HELENA DE VOLTA – QUESTIONAMENTOS – UNIVERSO EM EXPANSÃO

Helena está de volta a seu mundo. Visitará Quanta para tratar de outro assunto referente às experiências não locais. Seu encontro ocorrerá por ocasião de nova abertura do *worm hole* entre seu universo e o de Quanta. Pelo tempo de Helena, na próxima sexta-feira, às 14h, hora local da cidade de Helena.

Enquanto não chega a data, Helena retoma contato com seu editor, acertando algumas condições e prazos para a entrega dos originais de seu livro.

Sua grande dúvida no momento é o título a ser dado.

Pensava em algo como: *Um encontro real com o não real*. Ou, quem sabe: *Uma visão do irreal que forma o real*. Talvez: *O mundo quântico e o mundo real* e, como subtítulo: *O enigma de Platão no universo da Física*. Talvez: *A Consciência na casa da Física: uma convidada no mínimo incômoda?*

Decidira, então, reunir os amigos e fazer um *brain storm* a respeito do título a ser dado à obra. Poderia assim colher várias sugestões e havia, ainda, o problema da capa.

Pensava em algo que evocasse o misterioso, evitando a zona de intersecção desses mundos. Possuía amigos, estudantes das diversas áreas de artes que talvez pudessem dar sua colaboração, mas era preciso algum entendimento do objetivo da obra para nortear as colaborações.

– Mas, se meu objetivo, colapsado de repente, e eu não saberia dizer exatamente por quê, é escrever, com base numa dissertação que pretendo que evolua para uma tese, um livro capaz de divulgar para leigos – com a única condição de que não tenham preguiça de pensar – aspectos bizarros, estranhos, da Mecânica Quântica, um bate-papo sem compromisso com os amigos testará a própria possibilidade de a obra atingir seus objetivos.

Marcou, então, uma reunião rápida para a segunda-feira da semana de seu novo encontro com Quanta.

Algumas ideias foram apresentadas e, como soe acontecer, alguns amigos disseram ter gostado muito, mas entendido pouco. Outros ficaram curiosos para saber mais e receber informações sobre a nova visita ao mundo de Quanta, que obviamente foi mencionada apenas como algo imaginado.

Entre os possíveis capistas, dois pediram alguns excertos do original para lerem com calma e, assim, poderem sugerir algumas capas.

Tudo estava na etapa de possível planejamento, com exceção da cobrança por publicação de trabalhos e esboço da dissertação.

Pensou: "Essa dissertação está crescendo. Tenho que precisar bem o recorte, mas cada novidade que encontro me parece interessante e vai adquirindo contornos de indispensável. Mas a exagerada amplitude prejudica o foco da tese, que não pode ficar crescendo como o Universo."

– Mas, afinal, perguntou-se: o universo ainda cresce?

– Após uma explosão, há um espalhamento de partículas, mas, depois de certo tempo, elas tendem a se reagruparem novamente. Como isso funciona, para o universo, a partir do Big-Bang?

Helena lembrou um artigo que lera sobre o universo em expansão.

Na terça, esteve muito ocupada e só na quarta encontrou o artigo que começou a reler à tarde:

Durante muito tempo, principalmente após a aceitação da teoria do Big-Bang, os físicos se perguntavam se as partículas, que formaram os astros, após a gigantesca explosão inicial continuavam a se afastar ou haviam começado um retorno, uma contração de fronteiras.

Predominou, de início, a corrente daqueles que acreditavam que o afastamento dos componentes do universo já deveria ter cessado e que, pelas atrações gravitacionais, deveriam estar em posições fixas, ou já em retorno à posição primordial.

Penzias, como Einstein, acreditava num universo estável. As distâncias entre as galáxias permaneceriam constantes.

Essa posição tem uma consequência importante no terreno da Filosofia da Ciência.

Penzias não era um entusiasta do Big-Bang e acreditava no princípio da incriabilidade da matéria. Por esse princípio, o universo existira desde sempre. Assim sendo, a consequência filosófica mais importante era facilmente inferível: se a matéria, o universo, sempre existiu, não houve criação e, por dedução elementar, não tendo havido criação, não há o que se discutir sobre a hipótese de um criador.

Einstein, à época adepto da teoria do universo fixo, chegou a introduzir um fator em suas equações que chamou *constante cosmológica*.

Mas, o próprio Arno A. Penzias, junto com seu parceiro Robert W. Wilson – com quem dividiu, juntamente com o cientista russo Pyotr Leonidovich Kapitsa, o Nobel de Física de 1978 –, operando a *Large Horn Antenna* dos laboratórios Bell, em New Jersey, captou um persistente e inesperado ruído de fundo, cuja temperatura se aproximava do 0K (zero Kelvin ou zero absoluto) e concluiu haver captado ecos da grande explosão inicial: o Big-Bang.

Essa conclusão não foi imediata.

Envolveu dúvidas, pesquisas e até suspeita sobre a influência de pombos. Uma descoberta inesperada, de consequências não previstas pelos descobridores e que envolve o *acaso* presente em vários momentos de grandes descobertas.

Mal comparando e com licença poética da História, Cabral pensou inicialmente ter descoberto uma ilha. Tratava-se de enorme parcela de um continente.

Mas vamos continuar com a expansão do universo e, mais tarde, retomaremos interessantíssimos aspectos da descoberta de Penzias e Wilson.

A essa altura do artigo, Helena não conseguia conter sua curiosidade.

– Aspectos inesperados de uma descoberta; o encontro casual de uma realidade que muda o conceito do universo, com evidentes reflexos em nós, que somos componentes dele.

– Lembro de Arquimedes, valorizando, por assim dizer, a hermenêutica de um banho. Kekulé, observando o crepitar das chamas em uma lareira e criando o conceito do núcleo benzênico, vital para o então travado desenvolvimento da Química Orgânica. Einstein, intuindo uma constante cosmológica para justificar um universo estático, pensando em descartá-la, ao ver a prova do universo em expansão e, entendendo mais tarde que a constante criada para estabelecer a constância de tamanho do universo, que se opunha à sua Relatividade Geral, servia, sob outro enfoque para provar, isto sim, a expansão do Universo.

– É isso que me motiva. Procurar causas talvez invisíveis para o funcionamento do universo. Buscar porquês explicativos para substituir "comos" meramente explanatórios. Mas há pouca receptividade para isso na academia. Sinto uma radiação de fundo indicadora de uma fonte de medo quando nos defrontamos com a possibilidade de radicais mudanças de paradigmas.

– Afinal, a Física já se encontrou com a consciência. Por que tanto medo?

– Vou conversar com colegas e meu orientador a respeito de algumas ideias novas, que reconheço serem arrojadas, mas vou falar. E tem mais: sempre disseram que sou teimosa, o que não aceito. Sei que sou persistente.

– O teimoso não muda seu pensar, mesmo diante de fatos probatórios daquilo em que se recusa a crer, mesmo sem examinar. Eu já mudei muitas vezes de opinião diante de provas, que jamais me recuso a examinar. Mas não abandono um objetivo de conhecimento por causa de preconceitos que a ele se oponham.

– Mas, disse para si mesma, vou continuar a leitura desse artigo, até mesmo porque estou curiosa – e sou muito – para saber a citada influência dos pombos na descoberta de Penzias e Wilson.

E pensando na conversa da próxima reunião periódica que teria com seus colegas mestrandos, já adivinhando diferentes reações, até mesmo aquelas radicais, que separam os raivosos de Deus dos raivosos contra Deus, retomou o artigo.

– Até porque, em termos de pensar científico – o que, infelizmente, segundo John Hagelin, nem sempre caracteriza os cientistas –, surgiriam críticas equilibradas, oferecendo correções e, talvez, encorajando novas buscas.

Helena retoma a leitura na parte da expansão do universo.

Mais tarde, em 1929, Edwin Hubble, astrônomo, anunciou que o universo estava se expandindo. Observações astronômicas permitiram verificar o desvio da luz de algumas estrelas par a faixa do vermelho – efeito Doppler da luz –, o que não deixava dúvida de que o cosmos estava se expandindo e com grande velocidade.

O efeito Doppler pode verificar-se para ondas em geral, inclusive as sonoras, e todos já o observaram, talvez sem dar-se conta. Se estamos parados numa calçada, no meio-fio, e passa por nós um carro da polícia, ou uma ambulância, com a sirene ligada, à medida em que a sirene se aproxima de nós, vamos perceber um som cada vez mais agudo e, quando estiver se afastando, cada vez mais grave.

O mesmo quando assistimos a um *show* de acrobacias aéreas. Quando os aviões se aproximam da nossa posição, percebemos um som cada vez mais alto (maior frequência) e, quando se afastam, cada vez mais baixo (grave).

Filmes sobre a Segunda Guerra mostram, por exemplo, cenas de aviões – de modo especial os *stukas* alemães, que usavam sirenes para aterrorizar as tropas de terra – mergulhando sobre soldados no solo para metralhá-los. Enquanto os aviões mergulham (aproximação), o som percebido é cada vez mais agudo. Quando retomam o movimento de subida, o som vai se tornando mais grave.

Generalizando, para as ondas, o afastamento da fonte em relação ao observador faz com que chegue até ele uma onda de menor frequência do que a produzida.

No espectro da luz branca, conjunto de radiações perceptíveis por nossa visão, o vermelho é a cor de menor frequência e o violeta de maior.

Assim, se percebemos um desvio para o vermelho na luz emitida por estrelas distantes, o fato de recebermos essa frequência mais baixa significa que essas estrelas estão se afastando.

Surge, então, a questão: o que estaria se sobrepondo à atração gravitacional dos corpos celestes, das galáxias do cosmos, para que, apesar da atração gravitacional, que deveria provocar uma contração no universo, este continue a se expandir?

Postula-se a existência de uma misteriosa energia escura, que funcionaria como agente repulsor. Especulações indicam que o universo seria constituído por 70% de energia escura e 25% de matéria escura, que não percebemos. O material que conhecemos, que forma os átomos e as galáxias, ficaria em 5% do total do universo.

E como ficou, para o próprio Einstein sua constante cosmológica?

Primeiro, digamos como ela surgiu:

A Teoria da Relatividade Geral determinava um universo instável. A ação da atração entre galáxias terminaria por juntá-las.

Ao adotar a hipótese do universo estável, Einstein contrariava sua própria teoria, abandonando o que não se deve desprezar sem provas abundantes: a intuição.

Foi então que criou a constante cosmológica, que explicaria um universo de tamanho constante.

Adiante, ciente das provas do crescimento do Universo, considerou a constante cosmológica como o maior erro de sua vida.

Mas, aí surge outro fato interessantíssimo.

Um jovem cientista belga chamado Georges Lemaître, em 1927, teve um *insight* de pura genialidade.

Pensou: se vemos pedaços de um todo original se afastando, bem como se vemos uma pedra subir, devemos pensar que algo terá impulsionado esses pedaços para longe uns dos outros, ou a pedra para cima. Daí, sugeriu um universo inicial, de início muito pequeno, hoje considerado infinitesimal, uma singularidade que, a partir de uma grande explosão, começara a se expandir.

Nascia a teoria do Big-Bang, atribuída por um equívoco, ou injustiça da história, mais a Hubble que a Lemaître.

Aliás, diga-se de passagem que, de início, foi quase unânime a rejeição dos cientistas a essa teoria. Inclusive o termo *Big Bang* (grande explosão) foi utilizado sarcasticamente, como um deboche.

Infelizmente, não é raro na ciência esse tipo de reação ao novo.

Foi assim com Galileu, Newton, Einstein, com a Teoria das Cordas e, quem sabe, esse mesmo impulso preconceituoso impeça até mesmo a aceitação como hipótese de determinadas teorias aprioristicamente descartadas? Foi assim com a consciência.

O astrofísico e cosmólogo inglês Fred Hoyle jamais concordou com a hipótese de Lemaître e Hubble. Pelo contrário, foi ele o criador da expressão Big-Bang, utilizada pela primeira vez num programa da BBC de Londres com o intuito de menosprezar a teoria, chamando-a de grande estrondo ou grande explosão.

É uma prova de que a onisciência não existe.

Robert Mach, a quem muitas vezes Einstein escreveu, tratando-o como professor, declarou em 1927 que não acreditava na existência dos átomos. Isso, no entanto, em nada invalida seus trabalhos extraordinários sobre sistemas acelerados.

Pois foi Lemaître quem dissuadiu Einstein de exilar sua constante cosmológica, mostrando que esta não torna o universo estático. Einstein discordou, de início, mas finalmente aceitou.

Que fato extraordinário! Que exemplo dignificante: um jovem estudioso apresenta ao maior cientista de seu tempo – talvez de todos – uma correção! E o gênio, sem pensar em coisas do tipo: "você sabe com quem está falando?", acata a opinião.

Einstein, que sempre foi um contestador do chamado argumento de autoridade, demonstrava plena coerência ao aceitar, como autoridade, um argumento contrário a seu entendimento. Isso se chama coerência.

Helena vibrava:
— Mas são coisas assim que eu quero. Como pode na ciência haver um orgulho capaz de obnubilar a busca do saber? Como é possível que alguém se sinta agredido ou diminuído por uma discordância no terreno das ideias? Por que a existência de uma espécie de ditadura de conceitos, de modelos, de paradigmas?
— Vou enfrentar coisas desse tipo? Provavelmente, sim. Em que grau? Não sei. O momento irá colapsar a realidade. A expectativa do fato cria o fato. Vou continuar minha leitura.
Pois é, Helena. Mesmo nas academias — ou principalmente? — à fogueira das vaidades nunca falta combustível!
Retomando o artigo, com a argúcia do cientista e entusiasmo da criança, binômio incomparável, Helena continua a ler:
— Mas, infelizmente, nem sempre as pessoas contestadas, principalmente no terreno político, se permitem rever alguma posição. Muitas vezes, o que fazem é eliminar os contestadores.
Lev Landau foi considerado o maior físico da então União Soviética.
Seu discípulo Matvei Bronstein era considerado mais brilhante do que o mestre.
Matvei corrigiu uma correção de Bohr, mentor de Lev Landau, a um trabalho deste último, mostrando que, considerando os quanta, o ponto gravitacional num ponto não é bem definido.
Mostrou que a ideia habitual de espaço como *continuum* divisível *ad infinitum* não era correta.
Mas, isso foge ao escopo do que agora estamos examinando.
O que queremos salientar, neste comentário sobre capacidade de aceitar o novo, é o que se segue:
Landau e Matvei eram comunistas idealistas. Acreditavam nas excelsitudes das ideias marxistas como capazes de criar uma sociedade mais justa, igualitária, etc., etc.
Assim sendo, como engajados sinceros, que depositavam crença em seus ideais, não eram do tipo que sofreu lavagem cerebral ou tem interesses pessoais escusos e, assim, defende o que lhe convém.

Com a subida de Stálin ao poder – período que muitos professores de História deletam, realizando um verdadeiro salto quântico sobre ele –, Landau e Matvei, após um período de tristeza, desengano, verdadeira estupefação, se tornaram opositores do regime, sem saber que naquela *liberdade comunista* todas as manifestações de opinião eram permitidas, desde que a favor do ditador daquela, "democracia *sui gêneris*".

Assim, escreveram, Landau e Matvei, pequenos artigos de crítica salientando a diferença entre o comunismo com que sonharam e a prática vigente.

Matvei, com 30 anos, foi preso pela polícia de Stálin e condenado à morte, tendo a execução ocorrido no mesmo dia em que se encerrou o processo, em fevereiro de 1938.

São incontáveis os prejuízos causados pelo ódio.

Mas, voltemos a Penzias e Wilson e à misteriosa radiação de fundo.

Como dissemos, Penzias e Wilson estavam trabalhando na Grande Antena do Laboratório Bell de radioastronomia, investigando sinais da fronteira da Via Láctea, quando perceberam uma radiação de fundo que perturbava suas observações.

Puseram-se, então, a procurar suas origens, na tentativa de eliminá-la.

Surgiram as hipóteses iniciais:

Poderia ser um vazamento da antena, uma radiação de teste nuclear recente ou, mesmo, alguma radiação produzida pelo homem.

Todas as revisões necessárias foram feitas e afastadas as hipóteses elencadas.

Pensou-se, então, em novos possíveis e bizarros responsáveis: os pombos que frequentavam a antena. Penzias referiu-se ao excremento dos pombos, que talvez estivesse por contato com o dispositivo produzindo inusitado ruído como uma "massa de dielétrico branco".

Na ausência momentânea de outra hipótese, os pesquisadores chegaram a aprisionar um casal de pombos que frequentava com habitualidade a antena e levá-los a um *guy defense pidgeon* local, onde pombos eram recebidos e tratados. Toda a precaução foi tomada para manter a antena livre de contato com pombos.

Mas, a estranha radiação continuou e foi chamada radiação de micro-ondas de fundo cósmico ou radiação cósmica de fundo.

Os pesquisadores não sonhavam com a importância de sua descoberta. O ruído de fundo, a radiação de fundo, que havia sido medida por Andrew McKellar em 1941, observando linhas de absorção estelar. A temperatura da radiação era de 2,3K (2,3 escala absoluta – próximo ao zero absoluto que corresponde a –273 graus Celsius).

Penzias e Wilson sequer sonhavam com a importância de sua descoberta casual (ou causal, pensava Helena).

A partir da descoberta dessa radiação cósmica de fundo e sua análise e interpretação pelos físicos teóricos, sedimentou-se a teoria do Big-Bang.

É importante, agora que vamos descrever as conclusões obtidas a partir da captação da radiação cósmica de fundo, que nos detenhamos para pensar na importância da hermenêutica – a ciência da interpretação. Não houvesse essa possibilidade, o universo até poderia existir, mas não teríamos consciência dele. E, talvez, avançando na interpretação da Mecânica Quântica, talvez, ainda talvez, o Universo não existisse.

Einstein sempre pensou que mais extraordinário do que a existência do Universo é o fato de podermos tomar conhecimento dela.

Sigamos, então, com as consequências da descoberta de Penzias e Wilson.

O eco termal, vindo de toda a parte do céu e a todo tempo, previsível dentro da hipótese do Big-Bang, permitiu o cálculo da idade do universo em 13,8 bilhões de anos, hoje corrigido pelo satélite Planck da Agência Europeia para 13,82 bilhões.

A radiação data do momento em que a luz começa a saturar o universo, 380.000 anos após a grande explosão.

Podemos saber mais nesse sentido.

Uma pequena fração de segundos após a explosão, o universo viveu uma enorme expansão, chamada fase inflacionária, onde as partículas se afastavam com velocidade superior à velocidade da luz.

Esse fato não contradiz a Teoria da Relatividade, que estabelece a velocidade da luz como velocidade-limite no universo. Devemos lembrar que o que de fato se expande, a partir da singularidade, é o *continuum* espaço-tempo, o grande molusco de Einstein, em cuja membrana estão todos os corpos.

Daí, é como se as partículas existentes logo após o Big-Bang – por favor, não pergunte como era antes, porque espaço e tempo, consequentemente antes e depois, só têm sentido após a explosão que os criou – estivessem coladas na superfície externa de um balão – o molusco. Se esse balão se expande, ao mesmo tempo em que as partículas se movem em sua superfície, teremos uma velocidade de afastamento das partículas maior do que a que essas têm em relação à membrana a que aderem.

Por isso, as partículas se afastam com velocidade de afastamento superior à da luz.

Então, durante um período de 380 mil anos, o universo é um todo opaco, de plasma e energia. Decorrido esse tempo, a luz começa a saturar o universo. As temperaturas começam a cair e ocorre a possibilidade e a efetiva formação de átomos neutros.

A pesquisa da radiação de fundo sinaliza a existência de ondas gravitacionais primordiais, confirmando Einstein.

A temperatura uniforme da radiação indica que toda ela provém de uma mesma região, e esse era um ponto nodal na afirmação da teoria. Porém, pequenas variações de temperatura foram detectadas. Estaria ameaçada a hipótese do Big-Bang?

Não! Estava sendo complementada. As pequenas flutuações de temperatura apontavam para sementes de estrelas.

É absolutamente surpreendente que todas essas conclusões envolvendo a origem e o desenvolvimento do Universo tenham sido obtidas, a partir da observação de um ruído indesejável, produzido num rádio telescópio por razão desconhecida.

O que poderia ser o resultado da existência de excremento de pombos sobre uma antena era um chamado do universo contando em sua linguagem a sua história para seus observadores.

Saiba o leitor que entre os extremamente surpreendidos com o alcance da decodificação, da informação contida naquela radiação cósmica de fundo de micro-ondas (CMB) foram, segundo suas próprias declarações, seus descobridores, Penzias e Wilson, até porque aquele acreditava num universo de tamanho fixo, o chamado universo estático.

Em maio de 2014 os laboratórios Bell realizaram uma festa em comemoração aos 50 anos da descoberta de Penzias e Wilson, que estiveram presentes, com, na ocasião com 81 e 78 anos, respectivamente.

Para comemorar o acontecimento, os laboratórios Bell instituíram naquele ano um prêmio a jovens pesquisadores, num total de 175 mil dólares a serem distribuídos entre 3 contemplados nos valores individuais de 100 mil dólares para o primeiro colocado, 50 mil para o segundo e 25 mil para o terceiro.

A ideia era motivar novos pesquisadores, dando-lhes uma chance para apresentar ao mundo suas ideias, nos campos da informação e tecnologia de comunicação, sendo que, além do prêmio em dinheiro, os contemplados teriam a oportunidade de realizar suas pesquisas utilizando dependências e toda a tecnologia e equipamentos dos Laboratórios Bell.

"Estamos lançando um programa que pretende inspirar descobertas capazes de mudar o mundo e inovações, por parte de novos pesquisadores que possam um dia caminhar nas suas pegadas."

Foi a declaração de Marcus Weldon, presidente da Bell labs.

Isso é investir no conhecimento. Isso é uma declaração de amor ao progresso. Isso quer dizer beneficiar a humanidade.

No rastro das mesmas pesquisas, o satélite europeu Planck realiza, de 2004 a 2013, um rastreamento completo da radiação cósmica de fundo, atualizado em 2018, e permite, para completude do estudo das origens do universo, a conclusão de que a Matéria e a Energia Escura são coisas estranhas e até agora inexplicáveis, mas existem.

– Quão pequeno é ficar preso apenas a percepções sensoriais e interpretações imediatistas. Como seria pobre se os pesquisadores pensassem à moda do FAPP nesse caso? Diriam simplesmente que existe uma radiação de fundo que não tem aplicação prática, a não ser pela curiosidade sobre as origens do universo, o que não deve nos interessar, pois o universo já está aí e o objetivo da ciência é apenas descobrir como ele funciona – pensava Helena, escrevendo:

"Perguntar porque é a característica que une a criança ao cientista. É buscar as causas para poder entender os efeitos. Em matéria de o que a ciência deve investigar sou cada vez mais Einstein e menos Copenhagen. Não gosto que me digam que não devo me aventurar em partes não mapeadas do oceano, físico ou do saber, por medo de serpentes marinhas ou discriminações. Quero o risco da águia e não a aparente segurança do avestruz. Quero entender mais o que Einstein chamava a mente de Deus."

Era quarta-feira. Nesse dia, após alguns escritos e muito pensar, Helena lembrou:

– Bom, hoje vou jantar com alguns colegas de turma e um pessoal da Medicina que está pesquisando a respeito de espiritualidade e saúde. Acho que, além de um bom papo, recolherei alguns subsídios para a reunião de nosso grupo de estudos na quinta-feira e um possível encontro com o orientador. Meu principal recorte, por ora, não é o da dissertação, e sim ver como o grupo recebe algumas ideias novas para apresentá-las ao coordenador. E, aí, o recorte: quais as apresentáveis? Quais as que poderão vestir-se com os trajes acadêmicos, à moda do astrônomo turco descobridor do asteroide B-612, morada do Pequeno Príncipe no conto magnífico de Antoine de Saint Exupéry? Bom, isso é para depois.

– Então, vamos à janta. Já são 18 horas. Então, um *relax*, banho, aquele toque de maquilagem – é característico de quem gosta de cuidar da aparência – e, depois, à janta. Aliás, dois doutorandos em Física Quântica vão comparecer. Parece que diversão, descontração e aquisição de conhecimento podem e devem andar juntos. Penso que o saber exige dedicação, mas essa não é parceira do aborrecimento. Quando esforço só vem com dor, estamos na ameaça de colher como resultado sofrido o produto deixado pelos pombos na antena de Penzias.

– Vamos lá. Espero uma noite ótima.

A JANTA, A MANHÃ SEGUINTE E UM NOVO ARTIGO: BURACOS NEGROS

Eram 21h, e a turma estava reunida no bar e no restaurante em que muitas ideias, às vezes contidas pela rigidez e não raro pelo bolor acadêmico, logravam fluir com mais facilidade.

Sendo uma quarta-feira, não havia o *couvert* artístico, que, no dizer de Marcos, possuidor de bem dosada ironia, "era algo por que se pagava para não poder conversar". "Como se não bastasse" acrescentava "o vício do celular, que faz com que algumas pessoas se façam presentes, num mesmo lugar, para conversar com ausentes situados em lugares distintos".

Mas, era quarta-feira, era Brasil e, assim sendo, havia telões apresentando jogos de futebol da rodada, a única atividade televisada capaz de superar a adição às novelas, alterando seu horário normal de apresentação.

Marcos costuma dizer que "todo horário é horário de novela, mesmo porque a cultura e os bons exemplos de comportamento ético não podem parar". "E essa missão ética e cultural está, sem dúvida, a cargo das novelas que a cumprem com rigor e entusiasmo".

Todos riam, alguns contrapunham alguns argumentos e a conversa seguia.

Também era hora da propaganda política. Era a época em que emissoras de rádio e TV apresentavam os programas dos partidos políticos, "gratuitamente", à custa do eleitor.

Ricardo, estudante de Sociologia há vários anos, esperando talvez uma aprovação por antiguidade ou exaustão de seus mestres, adepto da esquerda caviar, socialista de grife, gostava de participar desses encontros.

Como em nada se aprofundara, gostava de dar seus pitacos em múltiplos assuntos, muitas vezes apresentando observações de grande perspicácia. Gostava de conhecer novas teses, salvo se essas contrariassem sua religião, fervorosamente cristalizada em suas crenças políticas. Mas, era de fato um sujeito muito agradável.

Pois foi ele que, olhando num determinado momento, para um dos telões em que se via um jogo de futebol, ao observar a mania característica da maioria dos jogadores de cuspir no gramado, principalmente após participarem de uma jogada de maior emoção ou esforço, comentou:

— Já pensaram se os jogadores de basquete tivessem essa mesma mania de cuspir no chão dos jogadores de futebol? A quadra em poucos minutos estaria transformada numa gigantesca escarradeira, impraticável para o esporte, com atletas escorregando em cuspes de diferentes densidades e formas. Poderiam educar melhor esses jogadores que ganham tanto.

— Penso que não se dão conta disso. É um hábito ruim que se perpetua – acrescentou João. – Mas acho o assunto absolutamente impróprio para o momento, uma vez que estamos comendo.

E, antes que Ricardo começasse a desenvolver a tese de que um lago de cuspe é uma obra de arte, das tantas que a burguesia rejeita, Inge, uma estudante alemã que unia a seus estudos de Física o hobby de escrever, contou uma piada sobre o gato de Schrödinger, fazendo a conversa tomar outro rumo.

O famoso gato de Schrödinger, a que voltaremos, a partir de uma experiência imaginada pelo físico, estaria numa caixa em estado de superposição vivo e morto. Vale dizer que estaria ao mesmo tempo vivo e morto, não vivo e não morto, e o ato de observar definiria seu estado. Falaremos em detalhe sobre esse gato que deixava Stephen Hawkings com vontade de sacar o revólver quando ouvia falar nele.

Então, contou Inge, que quando Schrödinger estava dormindo, seu cachorro, olhando para o gato estirado numa almofada, sussurrava no ouvido do físico: "Põe o gato numa caixa com gás venenoso para demonstrar a influência do observador nas experiências da Quântica".

Com isso, produziu-se uma mudança nos rumos da conversação, o que provocou em Ricardo uma observação inteligente e oportuna: "Pragmaticamente, a piada foi excelente. Talvez não tenha feito rir, não tendo assim atingido o objetivo primordial de toda piada, mas produziu um paraefeito muito bom: a mudança de rumo numa conversa inadequada ao momento. Boa, Inge!".

Os estudantes, motivados pelo gato de Schrödinger – o mais famoso no mundo da Física, superando de longe o aposentado gato Félix, o eterno e desastrado perseguidor do Piu-Piu, o Frajola, o descerebrado Tom, falso algoz e verdadeira vítima da esperteza de Jerry e o insuportavelmente preguiçoso e aproveitador Garfeld. Talvez o gato de Schrödinger tenha se encontrado com o gato sorriso no país das maravilhas – começaram a discutir sobre ele e a influência do observador na Mecânica Quântica.

Helena estava contente com o novo rumo da conversa. Não que fosse desses tipos chatos que só são capazes de tratar de um tema específico e com vocabulário propositadamente sofisticado para demonstrações vaidosas de erudição.

A esses tipos não importa serem compreendidos. Parece-lhes mais bonito que não os entendam, porque assim podem exercitar sua soberba, pensando-se num mundo à parte e esconder o vazio de conteúdo argumentativo, atrás de uma linguagem rebuscada que substitui, mor das vezes, argumentação por citação. Alguém pensou em judicialês? De modo Supremo? Terá talvez lembrado o economês? Confesso que eu também.

Mas, Helena, como dizia, era muito diferente disso. Curiosa, de mente aberta, gostava muito de ouvir especialistas de outras áreas, à moda dos famosos jantares promovidos por Norbert Wiener, o criador da cibernética, em que pesquisadores de diferentes especializações, do MIT (Instituto Tecnológico de Massassuchets), relatavam a seus pares, de outros departamentos, suas mais recentes pesquisas, em linguagem acessível a não especialistas da sua área.

Com esses encontros, Wiener tentava evitar o que denunciou como "tendência de mandar qualquer um que nos procure dirigir-se a tal porta à esquerda de tal corredor".

Wiener tentava evitar a falta de visão geral, causada por uma exacerbada superespecialização impeditiva da visão do todo e moldada à sátira de Bernard Shaw, já referida, sobre o exagero da especialização, que pode ser bitolante.

A turma da Medicina pediu maiores explicações, de modo resumido, sobre o gato de Schrödinger, que passaremos a chamar Erwinho para não usar o nome do físico, seu criador, Erwin.

Deve-se dizer, de início, que, pelo que sabemos até agora, jamais se poderia realizar essa experiência, cujo resultado dependeria, seria criado, a partir da observação, porque envolve fenômenos que só ocorrem com as micropartículas.

Schrödinger imaginou a experiência, inicialmente, para demonstrar que a teoria quântica conduzia a uma conclusão absurda.

Já sabemos que um átomo pode estar em estado de superposição. Aliás, antes de observado, não é uma realidade física, palpável. É apenas sua função de onda e, como tal, está e não está em dois lugares ao mesmo tempo, conforme examinado na experiência da dupla fenda.

Em relação a diferentes posições possíveis, antes de ser observado, enquanto não é propriamente uma realidade física, o átomo segue a lógica do "e". Observado, do "ou". Sabemos que isso viola o Princípio do Terceiro Excluído da Lógica dos Predicados de Primeira Ordem, que nega a possibilidade de A e não A, ao mesmo tempo, no mesmo lugar.

Vamos à experiência imaginária de Schrödinger, conforme relatada por Andrés, doutorando em Física Quântica, ao grupo, a pedido dos colegas da Medicina:

– Imagine um gato colocado numa caixa fechada, que não pode ter seu interior visto de fora. Dentro da caixa há um contador Geiger, que, ao ser atingido por um átomo, dispara e aciona uma alavanca que libera gás ciano – o gás do HCN, ácido cianídrico, usado nas câmaras de execução em alguns Estados americanos –, matando o gato.

– Agora, dispara-se um átomo que pode passar através de um vidro semitransparente, atingindo a caixa e o contador, ou ser refletido nesse vidro, indo para outro recipiente, fora da caixa. O momento em que o observador abrir a caixa determinará se o gato está vivo ou morto. A observação produzirá a história do caminho do átomo.

– Como? – Perguntou Carlos, estudante de Medicina.

– O átomo lançado em direção ao vidro – continuou Andrés –, enquanto não observado está em estado de superposição, o que significa dizer que, ao mesmo tempo, atravessou e não atravessou o vidro e, ao mesmo tempo, foi e não foi refletido por ele. Assim, ao mesmo tempo, atingiu e não atingiu o contador Geiger e, como consequência, abriu e não abriu a garrafa de gás, tornando o gato Erwinho, ao mesmo tempo vivo e não vivo, ou, se preferir, morto e não morto. O fato de observar colapsa a função de onda do átomo, tornando-o uma realidade física que atingiu o contador ou não. Nada determinado ou determinável antes da observação.

– Mas, por que não seria possível a realização da experiência real? – Questiona Ricardo, até então, todo ouvidos.

– Porque o fenômeno da superposição – continua Andrés –, apesar de já observável em corpos microscópicos, com sofisticado equipamento, não ocorre nas macropartículas.

– Pois essa é minha grande questão atual. – Intervém Helena. – Se o macro é feito do micro, por que as propriedades deste não se manifestam naquele? Até que ponto a consciência ainda não definida em termos de Física, empurrada por muitos físicos para outras áreas do conhecimento, pode estender sua ação, que, como sabemos, não só altera eventos como, ainda, cria partículas? O que é essa consciência criadora e modificadora da própria história?

– Embora haja muitas teorias, todas ainda consideradas incompletas, há a recusa apriorística da análise de teorias que inquinem a uma chamada espiritualidade. Não mereceriam todas serem examinadas, na lacuna que temos desse conhecimento?

Helena conhecia a reserva forte existente, principalmente no que respeitava a sua indagação final, mas a conversa provocada rendeu múltiplos argumentos.

Os estudantes caminharam de Feuerbach, o grande teórico do materialismo, negador do idealismo hegeliano e inspirador de Marx, visitando Freud, Jung, Frijof Kapra, Goswami, Stuart Hameroff, noções do budismo, Jesus, até se darem conta de que uma conclusão definitiva não seria alcançada. Pelo menos naquele momento. O foco parecia, por vezes, perdido.

Em que ramo buscar socorro para uma definição consistente de consciência e como buscar sua formalização?

Por certo, a discussão iria além da Física, embora muitos físicos corajosos nela estejam engajados. Talvez um percurso metafórico, em linha reta, nesse universo do saber, nos traga de volta ao ponto inicial como aconteceria com uma nave que, saindo de um ponto do universo em linha reta, num final de viagem estaria de volta ao ponto de partida, como um caminhante que assim fizesse na superfície da Terra.

Mas, o importante é que o tema se mostrou extremamente instigante, e Helena, antes de dormir, pensava:

– Se o tema motiva as mais variadas e às vezes apaixonadas opiniões, mesmo que todas destituídas de plena certeza, vale a pena o esforço de investigá-lo. Afinal, Galileu quase foi queimado, denunciado pela inveja de seus pares, e Giordano Bruno não escapou da fogueira da Inquisição genovesa. Os riscos materiais são hoje menores. Nada de desistir.

Na quinta-feira, pela manhã, reunião do grupo.

Revisões de trabalhos, livre conversação, e Helena se dirige ao grupo:

– O que vocês acham de minha ideia de pesquisar de um modo amplo, sem fronteiras, múltiplas hipóteses relativas à consciência, para, pelo menos, chegar, em cada ramo de pesquisa, psicologia, psicanálise, teologia, sempre conectando com a Física, a algumas teorias testáveis em termos de um método abdutivo, o que talvez leve à substituição de alguns "ou" por "e"?

As observações variaram, e muito.

Alguns classificaram o projeto como hercúleo; outros entenderam-no como um trabalho de Sísifo, não negando, entretanto, sua pertinência.

Outros ponderaram que uma banca examinadora jamais aceitaria uma dissertação pautada nesse tema e que dificilmente haveria um orientador disposto a arriscar a *cara a tapa* para subscrever tal aventura.

Essa posição, característica dos adeptos da hipótese mais cômoda, não surpreendia Helena.

Adepto fervoroso da tese de que o tempo não existe, Horácio, que costumava repetir a frase de Einstein: – Para nós, que conhecemos Física, o tempo é a mais teimosa e persistente de todas as ilusões –, era o maior incentivador do projeto de Helena, a quem costumava apresentar várias equações em que habilidosamente substituía o tempo por outra variável.

– Temos que declarar nossa independência do tempo – costumava dizer –, e a consciência talvez seja o caminho para domá-lo.

Ricardo, que decidira, não pela primeira vez, ausentar-se da aula para assistir à reunião, pediu para se manifestar.

– Helena, tenho aqui um texto de Feuerbach que penso ajustar-se ao assunto como a luva à mão.

Embora de vocabulário restrito e repetitivo, Ricardo ensaiava por vezes alguns gongorismos. Prosseguiu:

– A natureza existe independente e autônoma de qualquer filosofia. A filosofia deve voltar a unir-se com as ciências naturais e estas com a filosofia. Essa união, fundada na necessidade mútua e na necessidade interna, será mais duradoura, frutífera e feliz que o atual e desigual enlace entre a Filosofia e a Teologia. Sabes que com isso o grande Feuerbach, inspirador de Marx, Engels e da revolução socialista, decretou o ocaso da Antropologia Filosófica? Daí esse estudo da consciência, além de inócuo, poderá ser iníquo, induzindo um *revival* religioso ensejador do domínio das elites.

– Mas – respondeu Helena –, na própria argumentação de teu filósofo está explícito o convite para a reunião da Filosofia com as ciências naturais. Essa união aconteceu espontaneamente quando a Física Quântica encontrou a consciência. E esse encontro caracterizou a necessidade mútua e interna de uma busca na intersecção dos dois terrenos, que sabemos não ser vazia. A única diferença se localiza na exclusão da Teologia por motivos dogmáticos, não habilitados, por sua natureza castradora, a balizar as linhas de orientação de uma pesquisa científica.

— É — disse Ricardo —, a mentalidade burguesa continua se impondo e, enquanto condena as drogas, cultiva a religião, que é o ópio do povo.

— Bom, acrescentou Helena —, respeito tua opinião, mas asseguro que ela não teve força argumentativa suficiente para que eu, Horácio, e outros colegas passássemos a entender como inútil uma investigação da consciência em múltiplos terrenos.

— Só para não deixar passar *in albis*, para usar uma expressão a teu gosto, prosseguiu Helena, ao dito que "a religião é o ópio do povo" se opõe outro, que reza: "Se a religião é o ópio do povo, o comunismo é o ópio dos intelectuais. As pretensões de Deus são bem mais modestas."

Horácio propõe substituir o vocábulo *intelectuais* por *intelectualoides*.

Ricardo afirma que há nas opiniões majoritárias um viés fascistóide.

Alguém pergunta a hora para lembrar o almoço.

As discussões se encerram com algum proveito, descartada a fúria ideológica final.

Helena vai ao bar e pede um *cheese*, no que é acompanhada por Horácio.

Após o lanche, volta ao laboratório e recomeça seus estudos.

Lembra que há importante terreno da Mecânica Quântica a ser pesquisado, um outro mistério: o Princípio das Ações à Distância, também conhecido como Princípio da não Localidade. E, maravilha, esses fenômenos não locais poderiam ser observados, em macropartículas e macrointervalos de tempo, até para maior convicção, geradora de melhor didatismo nas publicações e principalmente em seu livro, em seu próximo e esperado encontro com Quantalice.

No dia seguinte, Helena acordou cedo. A primavera dava seus primeiros sinais após um inverno úmido, prolongado e persistente. Por se amar e, em se amando ter capacidade de amar os outros, Helena, inspirada na natureza, se embelezava. Em primeiro lugar, para si mesma e, subsidiariamente, para aqueles que têm capacidade de apreciar o belo.

Helena, após o banho e a higiene bucal, foi preparar seu café, como fazia todas as manhãs. Adepta da teoria de que somos o que comemos, sua refeição era bem orientada, equilibrada, excelente para a saúde.

Naquele padrão, sem açúcar, nada de gordura hidrogenada ou polissaturados. O *cheese*, em companhia de Horácio, era algo que, segundo dizia Helena ao transgredir as normas da boa alimentação: "Uma vez na vida, pode".

Após o café, Helena escova seus dentes, faz uma maquilagem suave – até desnecessária, pois sua pele é belíssima –, usa o protetor solar e escolhe vestir-se de modo leve, em consonância com os ares da nova estação, numa combinação harmoniosa que ressalta ainda mais sua beleza.

Helena se gosta, e, porque se gosta, é capaz de gostar dos outros. Porque se gosta, sonha, e a estranha matéria de que são feitos os sonhos serve de combustível que alimenta seu desejo de viver, de aprender, de decifrar os mistérios da natureza e, quem sabe, poder sondar, no dizer de seu grande ícone Albert Einstein, a mente de Deus.

Assim, nossa jovem, bela e inteligente mestranda se dirige à universidade com o brilho de quem trabalha com alegria, estuda com entusiasmo, pesquisa com prazer.

Conversou rapidamente com seu orientador.

Lembrou Einstein, na ocasião em que referindo-se a De Broglie, relativamente às ideias deste sobre o dualismo e os comprimentos de onda que decidem poder ou não um elétron permanecer numa certa órbita, declarou: "Aquele rapaz ergueu uma ponta do véu que oculta o Velho".

Com esse pensamento, não abriu todo o jogo de suas intenções ao orientador. Ergueu apenas uma ponta do véu. Mesmo assim, a orientação do dia consistiu em alertar para a confecção de um recorte bem definido, lembrando que sua dissertação, pelo menos no esboço original, envolvia a relatividade e não problemas de quântica.

Também lembrou a urgência de um artigo de divulgação, em nível popular, sobre os buracos negros, até porque um bailado de uma estrela, em torno do grande buraco negro existente no centro da nossa galáxia, fora observado em agosto de 2018.

Seria, portanto, interessante, até porque a descoberta confirmava a relatividade, um artigo – insistiu o professor – em nível de divulgação, com a principal finalidade de dizer o que é um buraco negro.

Reforçando a determinação, o orientador lembrou Helena que em um dos capítulos de sua dissertação, tratava ela do tempo em relação a algo que se situe nas proximidades de um buraco negro, na região em que o grande molusco se torna muito dobrado, muito encurvado.

Contente, por entender que havia dito o suficiente para abrir uma futura brecha nos muros limitantes de seu trabalho, sem ter chegado a dar a impressão de que queria derrubá-los, Helena reuniu algumas anotações e passou a escrever sobre o tema solicitado pelo orientador.

– As estrelas – começou a escrever – também nascem e morrem.

– Dependendo de sua massa, após um período de 10 na 11 milhões de anos em que permanece na chamada sequência principal, uma estrela consome o hidrogênio do núcleo e sai da sequência.

– Após, sempre em função da massa, as estrelas passam por uma fase de gigante ou supergigante vermelha e, em sua maioria, se transformam em anãs brancas.

– É o futuro do nosso sol, que jamais será um buraco negro.

– Fugindo do que é o tema central do presente artigo, vamos explicar rapidamente a formação das anãs brancas, destino das estrelas que possuem até dez vezes a massa do nosso sol, que é o caso de 98% de sua totalidade.

– Quando as estrelas esgotam a queima do combustível nuclear hélio-hidrogênio, resta um núcleo de carbono. Aquelas que possuem até 10 vezes a massa do sol não têm temperatura suficiente para a queima do carbono no núcleo. Para isso seria necessária uma temperatura de 10^9K.

– As reações nucleares passam a ocorrer só numa camada externa que atinge 2.000km de espessura. Expande-se mais, e temos então uma gigante ou supergigante vermelha, dependendo da massa.

– Essa ejeta uma camada externa, uma chamada nebulosa planetária e o que sobra concentra uma massa de 60% da massa solar num volume igual ao da terra. Temos a mega brilhante anã branca.

– Com o tempo, a anã branca se transforma numa anã pulsante, à medida que vai esgotando o combustível, a caminho de se tornar uma anã negra.

– As anãs brancas esfriam muito devagar. Levam mais tempo para esfriar do que a idade do universo. Por isso, ainda não há, mesmo entre as anãs brancas mais velhas, qualquer que já tenha queimado todo o combustível e se transformado em anã negra.

– Mas, vamos aos buracos negros.

– Estrelas com massa superior a 25 vezes a massa do Sol, após seu período de permanência na sequência principal, quando ocorre o fim do combustível hélio, se transformam em supernovas. Essas, ao ejetarem a camada externa, precipitam sua enorme massa, por efeito gravitacional, num espaço extremamente pequeno.

– Devido ao enorme grau de curvatura espaço-temporal na região, a gravidade se torna tão intensa que nem a luz consegue escapar.

– Por exemplo: um buraco negro, que após a fase de supernova restou com 6 vezes a massa do Sol, terá um raio de 18km. Imagine-se uma massa 6 vezes maior do que a do nosso Sol concentrada numa esfera de apenas 36km de diâmetro.

– O astrônomo e físico alemão Karl Schwarzschild calculou, durante a Primeira Guerra Mundial, o raio do horizonte de eventos de um buraco negro em relação à massa.

– Esse raio indica o limite, como se a massa do buraco negro estivesse concentrada num ponto a partir do qual qualquer objeto é tragado pelo monstro, assim como tudo que estiver a uma distância menor do que esse raio, em relação ao ponto de concentração da massa, não tem possibilidade de escapar

— Para que a Terra funcionasse como um buraco negro, sua massa deveria se concentrar num raio de 9mm (nove milímetros). Para que o Sol se transformasse em buraco negro, sua massa deveria se concentrar num raio de 3km. Imagine a Terra comprimida de tal forma que sua massa estivesse concentrada numa esfera de 1,8cm de diâmetro.

— Se um objeto é menor do que seu raio de Schwarzschild, ele é um buraco negro.

— No centro de nossa galáxia, há um enorme buraco negro chamado Saggitarius. Seu horizonte de eventos, ponto a partir do qual nada escapa, tudo é devorado pelo monstro, é de 7,8 milhões de km.

— Talvez os leitores se interessem por alguns dados referentes ao nosso Sol, que balizam a vida no planeta.

— Nosso Sol está há cerca de 4,5 bilhões de anos na sequência principal, onde permanecerá, irradiando luz e calor, praticamente nas condições atuais por mais 5,5 bilhões de anos. Com cerca de 10 bilhões de anos, se transformará em gigante vermelha. A temperatura na Terra atingirá os 700 graus Celsius e os oceanos ferverão. Adiante, a gigante engolirá os planetas.

— Não se preocupe. Não comece a economizar agora para fugir à Argentina — Helena sempre gostava de uma boa dose de ironia, o que caracteriza o humor inteligente e dos inteligentes — para que os mares fervam e digam para os banhistas "pode vir quente que eu estou fervendo", parafraseando a velha canção da antigamente jovem, por consequência, hoje "idosa guarda", faltam mais de 5 bilhões de anos.

Helena pensou: "Será que ele (o orientador) vai querer detalhes sobre o ciclo evolutivo de cada estrela em função da massa? Vou aproveitar, se questionada, a velha teoria do recorte e do foco, para dizer que, como o foco é o buraco negro, talvez informação demais informe de menos."

— Revisou o artigo e, pensando no encontro com Quanta, um tanto angustiada com a possibilidade de uma eventual não abertura do túnel decidiu fazer um lanche. Mas, dessa vez, Horácio não estava lá e, então, o suco verde substituiria a Coca-Cola e um sanduba natural, com pão integral, seria a parte forte da refeição. Helena costumava dizer que alimentar-se bem é fazer um carinho no futuro.

— Lembro que poderia ter colocado a fórmula para o cálculo do raio de Schwarzschild no trabalho. Seria pertinente porque diretamente relacionado aos buracos negros. Conferiu suas anotações no *note* e, rapidamente, encontrou a fórmula: $R = 2GM/c^2$, onde G é a constante de gravitação universal cujo valor é de $6,67 \times 10$ na menos 11 $N.m^2/kg^2$; M é a massa do corpo e c é a velocidade da luz, $3 \times 10^8 m/s$. Como a velocidade da luz e G são constantes, isto é, têm valores fixos, tomando o valor mais exato para a velocidade da luz, a fórmula fica $R = 1,48 \times 10$ na menos $27 \times m$ (massa do corpo).

Helena guarda o *note* e faz seu lanche com calma.

Ao voltar à sua sala de estudos completa as anotações e manda por *e-mail* para o orientador.

Havia percebido dias antes que a fotocélula que acionava as recém-trocadas lâmpadas de LED do corretor não operava e se esquecera de avisar o pessoal da manutenção.

Começou, então, a pensar no efeito fotoelétrico e na misteriosa natureza do elétron e dos fótons contida em sua explicação. Estava definitivamente decidida a se aproximar da Mecânica Quântica.

Como a produção de artigos era fundamental, lembrou um pedido feito a seu departamento pelo diretor da revista de divulgação *Science for All*, recentemente lançada por uma editora de Pernambuco. Era gozação frequente da turma o fato de ter sido escolhido um nome em inglês para a revista, que levava alguns a se perguntarem se o editor não estaria pensando em algo como um "forró da ciência". O pedido era de um artigo que explicasse, com alguns dados históricos, o funcionamento das fotocélulas. Então ela começou a escrever o artigo: *Efeito Fotoelétrico*.

— Max Planck, físico alemão e um dos criadores da Física Quântica, trabalhava, na parte final do século XIX, com a termodinâmica e se propunha a estudar o mecanismo pelo qual os corpos aquecidos emitiam luz de diversas cores.

— A Física clássica explicava perfeitamente a mudança de cor dos metais em geral, que, como o ferro, à medida que vão sendo mais e mais aquecidos, emitem luz que, após passar pelo vermelho, chega ao branco, quando a temperatura atingida se torna muito alta. Nesse momento, o material está emitindo radiações em todas as faixas da luz visível, além de outras nas frequências do invisível.

— Deixando o material esfriar, verifica-se um decréscimo, aparentemente constante no brilho emitido, bem como um retorno pelas cores irradiadas, até voltar à cor original, correspondente à temperatura ambiente.

— Mas havia um problema: nem todos os materiais emitiam as mesmas cores de luz, o que fez Planck postular que a emissão de luz não é contínua. Os elétrons só emitiriam luz em pacotes descontínuos de energia chamados quanta.

— Um elétron, em certa órbita, pode ascender a nível superior se receber exatamente a quantidade de energia correspondente a essa diferença de nível, sendo que nem todos são possíveis para elétrons de um mesmo átomo. Ao retornar à órbita original, emite um pacote de luz de energia igual à diferença energética entre os dois níveis.

— A radiação assim emitida tem uma frequência "f". Planck determinou a fórmula para calcular essa energia: $E = hf$, onde "f" é a frequência da radiação e "h" uma constante que levou o nome de seu descobridor: constante de Planck.

— Assim sendo, um elétron vibra por algum tempo, sem perda de energia e, de repente, bruscamente, irradiaria, sem causa aparente, um pacote unitário de luz (*quantum*), cuja energia é hf.

— O decaimento não é contínuo. Acontece em saltos. A teoria foi simplesmente ignorada. Era incômoda e, embora a explicação ortodoxa previsse um absurdo que foi chamado catástrofe ultravioleta, a acomodação oficial ignorava tanto a lacuna quanto sua supressão.

— Segundo Planck, haveria a criação dos fótons por ocasião da emissão de luz e seu desaparecimento quando essa fosse absorvida.

— Não demorou muito para que o efeito fotoelétrico fosse estudado a fundo. Em que consiste ele?

— Determinados metais, ao serem atingidos por luz, a partir de certa frequência têm elétrons arrancados. Isso só acontece, para cada metal, a partir de certa frequência da luz incidente, chamada frequência de corte. A explicação da frequência de corte é bastante singela. Os elétrons que são arrancados, normalmente os da última camada, estão presos ao núcleo e necessitam de uma certa energia para escaparem dele. Essa energia vamos chamar E_o.

— Como vimos, os fótons de luz incidente portam, cada um, uma energia de valor hf que, para arrancar um elétron, precisa ser no mínimo igual a E_o, o que implica uma frequência mínima para a luz incidente, fo.

— Atingido por um fóton de frequência $f \geq f_o$, o elétron consegue escapar levando ainda uma sobrinha de energia. Com isso, se eletriza o metal, podendo gerar uma corrente que aciona o mecanismo de acendimento de uma lâmpada ou o travamento da porta de um elevador quando alguém está em seu caminho.

— Devemos observar, o que prova a descontinuidade da luz, que o efeito fotoelétrico é do tipo um a um e tudo ou nada.

— Explicando: um elétron não pode absorver de um fóton uma quantidade de energia inferior ao mínimo necessário para se evadir do átomo e ficar esperando o que falta, que então seria menos, para receber de um próximo fóton. Se a luz, nesse caso, se comportasse como onda, o aporte de unidade seria contínuo, e qualquer radiação, com o tempo, arrancaria elétrons de qualquer metal, por acúmulo de energia naqueles.

— Felizmente, não funciona assim. Viveríamos levando choques. Tudo à nossa volta estaria eletricamente carregado.

— Dissemos que o fenômeno era um a um. Justificamos. Cada fóton, isoladamente, precisa portar a energia suficiente para fornecê-la a um só elétron, com o qual vai colidir. Ainda afirmamos que o efeito é "tudo ou nada". Ou o fóton é portador da energia suficiente para arrancar o elétron, caso em que o elétron a absorve e escapa, ou nada de energia será comunicado ao elétron.

— Vamos a um exemplo numérico:

Um elétron precisa 3 unidades de energia para ser arrancado da última camada de um átomo. Esse átomo recebe luz, cujos fótons possuem 2 unidades de energia. Como não dá para receber um pouco de cada fóton, por mais que se aumente a intensidade da luz incidente, nenhum elétron será arrancado. A intensidade mais forte ou mais fraca da luz não altera a energia de cada pacote; só muda o número de *quanta*.

— A frequência (cor), esta sim, determina a energia por unidade (*quantum*)

— Agora, imaginemos que no mesmo átomo, cuja energia de corte (mínima para arrancar um elétron) é 3, cheguem fótons com 5 unidades de energia cada.

— Então, elétrons em posição de escape, se atingidos, absorverão, cada um, cinco unidades de energia. Gastarão 3 para escapar da atração do núcleo e sairão com, no mínimo, 2. Dizemos no mínimo porque podem ocorrer perdas extras na saída, por colisões, por exemplo.

— Aí a equação do efeito fotoelétrico ser muito simples. Sendo E_0 a energia de corte de certo material e E a energia de um fóton de luz incidente, temos: $E = E_0 + E_{máx}$, sendo $E_{máx}$ a energia máxima do elétron arrancado (fotoelétron). Ou, em termos da fórmula de Planck: $hf = hf_0 + hf_{máx}$.

— Podemos observar que a radiação vermelha não pode arrancar luz visível a partir da ejeção de elétrons, de nenhum material. Não provocará fosforescência, porque a frequência da luz ejetada é menor do que a da luz incidente e frequências abaixo do vermelho são invisíveis.

— O efeito fotoelétrico trazia em seu bojo a confirmação da natureza corpuscular da luz. Havia, entretanto, uma outra série de fenômenos, como o Efeito Compton e a difração, que caracterizavam a natureza ondulatória da luz. Coube ao Príncipe De Broglie concluir que a natureza de alguma coisa depende de como olhamos para ela. A consciência pedia ingresso, mas não era ainda percebida.

— Um verdadeiro trauma para o pensamento maniqueísta, pois se tornava possível demonstrar experimentalmente – o selo da verdade científica, segundo Galileu – duas coisas opostas.

— Esse dualismo, que hoje sabemos depender do observador, levou Sir William Henry Bragg, físico e químico inglês que em 1915 recebeu, junto com seu filho Henry Lawrence Bragg, o Nobel de Física, a dizer: "Essas partículas são bifrontes, como Janus, o ser de duas faces da mitologia grega. São ondas às segundas, quartas e sextas e partículas às terças, quintas e sábados."

— Acredito que se algum maniqueísta em desespero perguntasse a De Broglie: "Mas, afinal, alteza, esses elétrons são ondas ou partículas?", — a resposta, seria:

— São algo que às vezes se comporta como onda e às vezes se comporta como partícula.

E, no caso de uma insistência do tipo: "Mas, são exatamente o quê"?, a resposta seria:

— São exatamente *algo* que não conseguimos dizer exatamente o que é.

Penso que seria uma resposta típica de De Broglie.

— Há muitos fatos do gênero, bondoso leitor. — Escreveu Helena.

— Quando um elétron muda de um nível para outro, não passa pelos níveis intermediários, funciona como alguém que saltasse do nível de altitude zero para dois metros de altura, e lá chegasse sem passar por qualquer nível intermediário, 50cm, 1m, etc., que seriam altitudes jamais frequentadas pelo saltador.

— Estranho? Contraintuitivo? Bizarro? Apenas quântico. O espaço por onde viaja o elétron para passar de um nível a outro chama-se "espaço de transcendência".

— Bom — pensou Helena —, o artigo fica por aqui. Vou enviá-lo a meu orientador para que me dê o OK e, naturalmente, coloque seu nome como participante da autoria. Publicação pesa.

Helena questionou-se um pouco, pensando:

— Como poderei fazer para convencer meu orientador a aceitar uma ampliação na dissertação? Como rebater as observações de que saí do foco? Troco o tema? Não haverá condição. Será uma ampliação à qual o tema conduzirá naturalmente.

– Importa é que estou ciente da validade e oportunidade de meus questionamentos e preciso confiar no que estudei e na possibilidade de, amparada pela vivência nos mundos de Relativice e Quantalice, aumentar a curiosidade, combustível da ciência, com exemplificação instigadora. Experiências de pensamento? Talvez...

Helena lembrou Vivekananda, um Swami, praticante da Karma Yoga, que na segunda metade do século XIX morou nos Estados Unidos, dando conferências e cursos por praticamente todo o mundo. Foi dele a afirmação que bateu com os propósitos de Helena: "Confia em Deus, mas confia primeiro em ti".

Pensou que frases pregando a dissuasão da busca da realização de projetos de vida ancorados na busca do saber merecem ser excluídos, até mesmo da própria lixeira da memória.

– Mudar de rumo, sempre que houver motivo plausível; desistir, jamais.

– Os pais de Einstein ouviram do diretor-geral da Politécnica de Zurich, ao solicitarem uma indicação de carreira para seu jovem filho: "Não faz diferença; ele nunca será um sucesso em nada".

Embora seja controversa a autenticidade desse comentário, servia para reforçar o entendimento de Helena segundo o qual deveria insistir em suas buscas.

Na verdade, Einstein não nutria simpatia alguma pelo seu primeiro professor de Física, o já mencionado por Helena, Heinrich Weber, a cujas palestras evitava assistir e a quem se referia e tratava por "Herr Weber", algo que soa como "Seu Weber", ou, numa leitura mais amena, "Senhor Weber". A praxe escolar demandava o tratamento de "Herr Professor".

De acordo com Einstein, "Herr Weber" só ensinava, repetitivamente, a Física tradicional, sendo que, em suas aulas, qualquer coisa posterior a Helmholtz era simplesmente ignorada.

Um colega de Einstein chegou a dizer que "ao final de nossos estudos saberemos todo o passado da Física, mas nada sobre presente e futuro".

Referindo-se ao espírito contestador de Einstein, seu professor e quase desafeto, Weber disse-lhe: "Você é um rapaz muito inteligente, Einstein. Um rapaz extremamente inteligente. Mas você tem um grande defeito: Você nunca se permitirá que alguém lhe diga algo." Falava no sentido de que Einstein era avesso a seguir instruções pré-moldadas, principalmente provindas de "Herr Weber".

E Helena continua exercendo uma espécie de bilocação, que todos nós alguma vez praticamos: O corpo em sua cadeira, frente à mesa, e o pensamento nos debates com seus colegas, quando de seu pedido de aconselhamento sobre mudanças em seu trabalho e buscando argumentos para manter seu propósito.

E continuam a vir-lhe à mente pensamentos apoiadores do persistir.

— Há centenas de exemplos, em todos os ramos da atividade humana, em que pessoas aconselhadas a desistir de projetos tiveram na execução destes sua realização profissional.

— Walt Disney foi demitido do cargo de repórter do *New York Times* sob a alegação de que, embora redigisse bem, não tinha a menor criatividade.

— Assim sendo, já me convenci — pensou Helena —, e esse é o primeiro passo para conseguir convencer alguém. Afinal, quando se começa a depender de muita força, de muito apoio externo para prosseguir, significa que estamos cultivando uma forte e sempre perigosa afinidade com o desistir.

— Riscos e dificuldades existem para serem enfrentados com esforço e preparo. Vou buscar a fundo o mistério. Quero mergulhar nele para verificar a profundidade, o movimento e a temperatura de suas águas. Pelo menos, molhada por seu fluido, ou encharcada dele, tê-lo-ei comigo, o que, num estado de emaranhamento, com o dito mistério, me facilitará sua compreensão. Não será o dualismo eu ou o mistério; seremos o mistério e eu, por estar integrada nele.

A NOVA VIAGEM

— Mas, como vim parar aqui? – Perguntou. Uma viagem a um local onde se visualiza o não local.

– Aproveitei tua distração, absorvida que estavas por vários pensamentos e consegui, pelo nosso já trilhado *worm-hole* trazer-te para cá de modo mais rápido. Quando não se presta atenção às curiosidades do caminho, parece-nos que chegamos mais ligeiro. E, como nosso objetivo era estar aqui, pragmaticamente, aqui estamos.

Quanta sorria para Helena, percebendo toda sua curiosidade, quase angústia, pela visualização macrotranquila e repetível do que em seu mundo só se passava no micro e a visão consistia na informação proveniente de registros de aparelhos eletrônicos.

– Então, amiga – falou Quanta –, novidades?

– Praticamente nenhuma. – Replicou Helena. – Em termos do Mestrado, a rotina permanece: pesquisa e publicações, como de hábito com mais tempo dedicado a publicar e apresentar as famosas *lectures* do que para pesquisar.

– Boas discussões interdisciplinares que alargam os horizontes da nossa visão, e também começamos a examinar tópicos do movimento da transdisciplinaridade de Basarab Nicolescu, físico romeno, e Edgar Morin, respeitado sociólogo e filósofo francês. Penso que tudo o que nos aporta conhecimento novo, métodos novos, novas proposta é merecedor de exame atento.

– Vejo – disse Quanta – um clima extraordinário para a aquisição de conhecimento. Segue em frente, amiga. Mas, vamos começar nossas observações pelo pavilhão dos carrinhos Alain. Por certo não se trata do ex-piloto de Fórmula 1 Alain Prost, mas de um nome dado em homenagem a Alain Aspect, o grande estudioso das partículas gêmeas que ensejaram o conceito de emaranhamento e a descoberta dos fenômenos não locais.

Os fenômenos não locais, desde sua primeira observação, perturbaram os físicos. Até sua verificação, entendia-se que um objeto só pode exercer ação sobre outro por meio de um contato físico com este, ou enviando um sinal que o outro possa receber. A ação, obedecendo ao chamado "Princípio da Localidade", uma das condições necessárias para que um universo possa ser considerado real e também um dos pilares do chamado materialismo realista. Tal ação de um objeto sobre outro só se processa a partir do contato entre ambos ou do momento em que o sinal enviado por um deles chega ao outro, o que sempre depende de um tempo de transmissão.

Agora, imaginemos duas partículas gêmeas a qualquer distância uma da outra. Podemos pensar, por exemplo, em dois elétrons gêmeos. Suponhamos que seu *spin* – giro em torno do próprio eixo – ocorra em sentido horário. Por uma ação externa, num dado instante, um agente modifica o giro de um deles, revertendo-o para o sentido anti-horário. No mesmo instante, antes mesmo que qualquer sinal eletromagnético emitido pelo primeiro possa chegar ao segundo, este também muda seu sentido de giro para o sentido anti-horário.

A mudança é instantânea. Isso se chama fenômeno não local.

Einstein, de início, não aceitava a possibilidade desse fenômeno, classificando-o, ironicamente, como "efeito fantasmagórico à distância".

Bohr defendia a realidade do fenômeno não local, embora não pudesse dizer – e até hoje a Física não disse – o que, exatamente, se transmitia de uma partícula a outra.

Apareceram termos como variáveis ocultas. Bohr propôs a expressão "influências", mas tais vocábulos, por si só, estavam longe de oferecer explicação ao fenômeno.

Por isso, muitas vezes falamos em mistério.

Com o advento do famoso manifesto de Copenhagen, os físicos que o subscreveram, partindo do fato de que nenhuma das equações da Mecânica Quântica havia falhado até então, entenderam ser de menor importância sua completude ou não sob aspectos mais amplos. Entenderam que a discussão do fato de a realidade física dos átomos só ocorrer a partir da observação, bem como a descoberta das propriedades do "fantasma" manifestando suas propriedades nos efeitos não locais, geravam questões irrespondíveis.

Estavam abandonando a busca de uma explicação da ausência, no mundo quântico, das duas condições necessárias para caracterizar um mundo real, no sentido adotado pela ciência: **realidade** – fato de partículas existirem independentemente de estarem sendo observadas e **separabilidade** – dois objetos podem estar separados, de modo que o que acontece com um não tenha qualquer influência sobre o outro.

Esses dois aspectos não existem nos fenômenos quânticos.

Copenhagen optava por desistir de sua explicação. Passaram a um entendimento limitado e bitolante, com a adoção da já citada sigla *fapp*.

Se funciona, não interessa saber por quê.

Essa posição ensejou o famoso manifesto Einstein-Podolsky-Rosen, que ficou conhecido como o EPR, em que se acusava a Física Quântica de incompletude.

Não que suas equações não funcionassem, mas porque a própria ciência se recusava a estudar elementos não apenas presentes, como também causadores de seus mais importantes e estranhos eventos.

É, a academia também tem seus dogmas.

Com o controle, em todas as áreas – às vezes se pensa erradamente que isso ocorra só no terreno da política – da conveniência ou não da exposição de certos pensamentos, o que beira à chatice do politicamente correto com as insuportáveis intervenções de seus fiscais *ad hoc* e em plantão permanente, tornou-se, de modo especial na década de 50, muito perigoso para a estabilidade das carreiras acadêmicas contrariar o manifesto, então transformado em "dogma de Copenhagen". Um dogma que impedia a busca do conhecimento. Era uma exigência de manter limites de investigação.

Uma postura absolutamente anticientífica que lembra Rolland Barthes em *A Aula*, livro em que assevera que a pior face do fascismo não é proibir de dizer, mas sim obrigar a dizer. Coisas do tipo Copenhagen está certo, assim seja.

Tudo pode ser resumido na base das discussões entre Einstein e Bohr, fundador da Escola de Copenhagen.

Bohr entendia que a Física diz respeito ao que podemos dizer sobre a natureza. Era quase um reduzir a Física a uma semântica localizada.

Pensava também Bohr que competia à ciência dizer como as coisas acontecem e não por quê. Um retorno ao "como" newtoniano.

Resumidamente, o manifesto de Copenhagen relativamente a tópicos que envolvem filosofia. Em termos absolutamente singelos, o comando do manifesto pode ser comparado a algo do tipo: Se esfregar as mãos as aquece, esfrega-as sempre que as sentires frias e desejares aquecê-las. Por quê? Isso é despiciendo. Não interessam porquês à ciência.

Einstein, embora errado em algumas discussões com Bohr, foi seguramente quem melhor ensinou a como pensar a Física; entendia que abdicar da busca das causas era assinar uma declaração de incompletude da ciência. Repetia muitas vezes que havia se aproximado da Física para poder sondar a "mente de Deus".

Citando John Bell, físico, autor de um teorema chamado desigualdade de Bell, que comentarei adiante, a respeito de Einstein: "Não há dúvida de que ele é, para mim, o modelo de como devemos pensar a respeito da Física".

Quanta e Helena acabavam de entrar no grande ambiente que homenageava Alain Aspect.

De pronto, chamou a atenção de Helena um cartaz, na entrada da cabine de comando de pequenos modelos de carros elétricos que se moviam numa grande pista. Nele se lia: *Neste local, o convidado assiste a fenômenos não locais.* Abaixo, em letras pequenas: *Será, então, esse local, o lugar dos eventos não locais? Então, um não local? Mas um não local poderia ser equiparado a uma não coisa e, assim inexistir? Aí você concluirá que está existindo num núcleo não existente, porque nele o inexistente existe? Ou um emaranhamento explicaria tudo? Não*

se preocupe com essas aparentes dicotomias. Delicie-se com observações inusitadas.
– Gostou do cartaz? – Indagou Quanta.
– Muito. Adoro esses jogos de palavras que, usando o maniqueísmo formal, demonstram sua incapacidade de explicar o universo e, principalmente, os seres humanos. É sempre enriquecedor o salto quântico que damos ao passar do "ou", que exclui, para o "e", que enriquece.
Foi a resposta de Helena.
Helena sempre detestou aquele tipo de argumento frequente em conversas de estudantes, mormente do ensino médio, assim como entre seus pais, onde as matérias preferenciais são escolhidas por exclusão.
Explico: Mãe 1: "João não gosta de matemática. Prefere as humanas (nomenclatura antiga, errada, mas mantida). Não que seja apaixonado por elas, mas tem menos dificuldade nessa área."
Mãe 2: "Pois o Jairo sempre diz que o Português é terrível. Não tem lógica; são muitas exceções, e parece que é isso mesmo."
Mãe 3: "O Felipe detesta História. É só decoreba."
É fácil concluir que o trio mencionado não gosta mesmo é de estudar e termina tendo um apoio, embora velado, de quem deveria mostrar o erro em todas as afirmações feitas sobre Português e História, mas, ao contrário, parece concordar com elas.
Assim também a escolha pelo menor grau de aborrecimento precisa uma urgente mudança de critérios.
– Por que – costumava perguntar Helena – o gosto pelo saber, a capacidade de aprender deve ser excludente? Algo real impede um matemático de ser excelente escritor? É certo que o tempo nesses casos é uma realidade e não pode ser uniformemente distribuído, mas nada impede as múltiplas habilidades. Einstein adorava o violino e a música. Talvez por ter a rara capacidade de escutar, com os ouvidos do entendimento, os acordes magníficos da Grande Sinfonia Cósmica.
Quanta começa a explicar a experiência a Helena:

– Os dois carrinhos que vamos observar se comportarão como dois fótons que são liberados a partir do salto quântico de dois elétrons que passam, num átomo excitado, de um mesmo nível superior para um mesmo nível inferior, liberando-os. São fótons gêmeos.

– Vamos imaginar que esses fótons viajem na mesma direção e em sentidos opostos. No caminho de um deles é colocado um polarizador vertical, que irá alterar seu plano de polarização. Como sabes, no mesmo instante, o plano de polarização do outro irá se alterar.

– Terá chegado a ele a varável oculta de Bohr. É interessante observar – não sei se fazes isso em teus trabalhos, mas é didático, para entender a instantaneidade da informação – que, como os fótons se afastam, cada um com a velocidade da luz, em relação à terra, um sinal enviado por um deles, mesmo com a velocidade da luz, jamais chegaria ao outro. O que chega? O grande mistério. O fantasma guardado com cuidado extremo na prisão dos copenhaguistas mas que como bom fantasma quântico por vezes se colapsa nas discussões acadêmicas, assustando os menos avisados, que, apesar de dizerem que não acreditam em fantasmas, têm muito medo deles.

– Grande ideia. Excelente colaboração, querida amiga. – Foi a fala de Helena. – Repete a frase final do fantasma, que quero anotar.

Quanta repete e começam a experiência:

Dois carrinhos azuis se afastam na pista retilínea, cada um percorrendo uma distância de 30m/s.

A pista é longa o bastante e vidros especiais permitem que os carrinhos sejam vistos por observadores situados na cabine de comando, com toda a nitidez, até que a distância entre eles seja de 1 km.

– A única situação diferenciada – explica Quanta – é que no *continuum* espaço-tempo entre eles, e só para efeito entre os dois, mensagens enviadas de um para outro, por meio de radiações eletromagnéticas, viajam com velocidade de 30m por segundo, em relação à pista.

Num dado momento, um agente externo, atuando sobre o carrinho que se dirige para a esquerda dos observadores, vira-o, fazendo com que passe a deslizar sobre a capota e parar em alguns metros.

Helena e Quanta observam – e a cena toda é filmada – que, no mesmo instante em que o carrinho da esquerda é capotado, o da direita, sem que tenha recebido qualquer força externa, também capota. Percorre a mesma distância percorrida pelo outro e para, exatamente o mesmo número de metros, após a capotagem, percorridos pelo outro, virado por ação de agente externo.

– Não podemos esquecer – aduziu Quanta – que nenhum sinal, nem mesmo de luz, enviado pelo carrinho da esquerda pode ter chegado ao outro antes de ele ter adotado o comportamento de seu gêmeo. Foi instantâneo, foi não local!

– Não valeria o esforço, mesmo que indo de encontro a certos preconceitos, para estudar por que isso acontece? Como o segundo instantaneamente ficou "sabendo" do que acontecera ao primeiro?

– A maior luta certamente será contra aquilo que é mais difícil de desintegrar do que o átomo – o preconceito. Mas não resta dúvida que a ampliação da visão do mundo e do homem ganharia contornos extraordinários. O físico PhD Amit Goswami acredita num universo de consciência e entende tudo como movimentos da consciência. Criou um movimento chamado ativismo quântico. É sem dúvida algo a ser pensado, desrespeitando as fronteiras do estabelecido pelo *stablishment* do conhecimento oficial. Até porque, se há fronteiras, há algo além delas, ou seja, no caso, mais conhecimento.
– Concluiu Helena.

– A experiência também pode ser feita freando um dos carros. No mesmo instante, o outro entrará em movimento retardado, com a mesma aceleração negativa do seu par. – Explicou Quanta, continuando:

– Também podemos fazer um deles passar por um esguicho onde receberá um borrifo de tinta vermelha. No mesmo instante, o outro ficará com uma mancha vermelha igual à adquirida por seu gêmeo.

Helena se lembrava de histórias de irmãos gêmeos. Falo agora de pessoas que, mesmo à distância, adoecendo um deles, o outro sente os sintomas da enfermidade. Preocupado um, por razões objetivas, um sentimento de angústia se transmite ao outro.

Mães que, estando um filho, principalmente até a idade de seis anos, em perigo, deixam tudo o que estão fazendo, sentindo uma forte compulsão para retornar à casa, ou para onde o filho se encontre, chegando a tempo de salvá-lo de risco iminente.

Pessoas com grande afinidade capazes de uma sentir alegrias ou tristezas ocorrentes com a outra?

Stuart Hameroff, dizendo que a interconectividade não é apenas uma lei, mas a Grande Lei da Física Quântica e que seria uma boa explicação para a espiritualidade, e Gregg Braden, afirmando que numa medida maior ou menor todos estamos interconectados.

O namoro de muitos físicos com a nascente parapsicologia, hoje chamada Ciência Noética, ocorrido na segunda metade do século XX, a partir das experiências do professor Joseph Banks Rhine e sua esposa na Universidade de Duke, na Carolina do Norte, não poderá aportar novos conhecimentos, numa área ainda bastante questionada? Não estaria aí um caminho possível para uma conceituação, talvez formalizável, de observador e de consciência?

Como sempre há muito a ser descoberto nos diversos ramos da ciência, um grande grupo, talvez ainda majoritário, se recusa a tratar desses fenômenos, os parafenômenos, como algo que mereça investigação científica. Estaremos diante do que Jacques Bergier chamou hipótese incômoda?

Duas partículas, após terem contato, entram num estado de emaranhamento, situação na qual o que ocorre com uma necessariamente afeta a outra. Não acontecerá algo semelhante com as pessoas?

Helena pensava tudo isso, mas considerava o salto muito amplo para o momento. Mas, dizia para si mesma, só para o momento, pois é impossível deixar de enxergar várias conexões.

Ademais, esse estudo preenche a lamentável lacuna existente setorialmente naquelas disciplinas que tentaram, o que foi moda no século passado, aplicar a Física a outras áreas, por processos de analogia, esquecendo algumas vezes que analogias são comparações, nem sempre felizes, e não deduções que permitem conclusões inequívocas, sob o ponto de vista da Lógica.

Comte tentava aplicar a Física à Sociologia. Melhor dito, pretendia entendê-la como uma Física Social. O mesmo estabelecia Freud em relação à psicanálise quando pretendia, em seus próprios dizeres, determinar os processos psíquicos como estados quantitativamente determinados de partículas materiais específicas.

Na economia, Adam Smith falava na mão invisível para sustentar a tese capitalista e Marx pretendia ter desnudado a lei do movimento econômico. Duas posições opostas, a partir de analogias com a mesma ciência.

Um detalhe importante chama a atenção; daí as lacunas a que nos referimos. Todas essas analogias são newtonianas, são mecanicistas e, consequentemente, seu suporte é falho. Precisa urgente atualização, até porque, em se tratando de fatores humanos, os paralelos com a Mecânica Quântica são cada vez mais evidentes. Bastaria lembrar que o tratamento mecanicista de um problema humano desconsiderará o livre-arbítrio, ao passo que o quântico verá no livre-arbítrio elemento essencial.

Nossas programações empresariais falam em engenharia de sistemas e planejamento estratégico. Planejamento se relaciona com previsão rígida de futuro. Em termos quânticos, deveriam falar em pensamento estratégico. O mesmo com nossas escolas, famílias, etc. Exageradamente newtoniano. Vivemos a era quântica planejando em moldes mecanicistas. Quando entenderemos o lucro gerado pela substituição da ideia de força pela de sinergia? Quando atualizaremos nossas analogias com a Física, substituindo comparações newtonianas por paralelismos quânticos? Custa entender que estamos num novo mundo insistindo no desgastante processo de baixíssimo rendimento de sempre tentar fazer o "novo" com o "velho"?

– Pois é – pensava Helena. – Talvez estejamos necessitando de um verdadeiro salto quântico. Mas, entendo que, para isso, a Física, que serve de base às outras disciplinas, precisa ter a coragem de enfrentar seus fantasmas e explicá-los ao mundo. Assim se transformarão em fantasmas queridos, ao invés de temidos. Fantasmas amigos.

– Então, Helena – disse Quanta, interrompendo o devaneio da amiga –, vamos a mais algumas experiências?

– Nem precisa perguntar. Viver a verdade é diferente de apenas sabê-la. O saborear o vinho é mais gratificante do que a simples leitura do rótulo da garrafa. Como dizem os americanos: "De pé e a elas". Meu pai, sempre que convidado a participar de algo interessante, costuma dizer: "De pé e à ordem".

– O que veremos agora? Na verdade vi e vivi o que não imaginava poder ver e viver e te gradeço demais, mas vamos adiante.

UMA GRANDE SURPRESA

Seguiram até outro pavilhão.
Quanta explicou a Helena que nada estava escrito no lado externo. Tudo seria uma grande surpresa.

As amigas pararam diante de um imenso vidro panorâmico. A parte interna, muito ampla, mostraria a seguir mais uma inesquecível visualização.

Chamando a atenção de Helena para que observasse atentamente, Quanta pressionou um botão onde se lia: *O começo da matéria*.

Imediatamente, do outro lado do vidro, filetes de luz, com as mais diversas formas, começaram a vibrar.

A primeira observação de Helena foi:

– Estranho! Esses filetes parecem produzir cores que não consigo definir. Além disso, parece-me, ao observar atentamente um dos filetes, que parte dele eventualmente desaparece e reaparece. Essas partes se alternam. Aquele filete bem ali à esquerda, que parece um "S" desaparece em parte, logo após a parte retorna, readquirindo o todo sua forma original, outro pedaço desaparece, e assim vai...

– Esses filetes – disse Quanta – são tuas conhecidas e enigmáticas supercordas. Como percebemos em três dimensões, correspondentes a nosso espaço vulgar e elas vibram em mais, quando a parte vibrante sai do espaço comum, deixa de ser vista. As cordas vibram em onze dimensões. Um espaço onzedimensional é formado por onze retas perpendiculares entre si, coisa que podemos equacionar matematicamente, mas não logramos nem ao menos imaginar.

– Maravilha! – Falou Helena. – Há até uma espécie de provocação para percepção de outras cores, mas isso teria a ver com a limitação de nosso sentido visual e não com as supercordas. Ou a famosa consciência estaria querendo transmitir uma ampliação aos sentidos?

– Boa, Helena, mas é mera especulação.

– Mas, Quanta, esse desaparecer de parte das supercordas ao entrarem em vibração em dimensões que não percebemos lembra a hipótese de Fred Allan Wolf, ao se referir com grande senso de humor a partículas que desaparecem e reaparecem. Lembro de sua expressão:

– Talvez essas partículas que vemos desaparecer ingressem num universo paralelo, fiquem por lá algum tempo e, depois, reapareçam aqui. Nesse momento, os habitantes do Universo paralelo se perguntarão: Ué, onde elas foram parar?

A menção a um universo paralelo fez Helena lembrar o último artigo de Stephen Hawking, em colaboração com o jovem cientista belga Thomas Hertog, enviado para publicação 10 dias antes da morte de Stephen.

Nesse artigo, Hawking admite a possibilidade, sob ponto de vista rigorosamente científico, da existência de universos paralelos, podendo alguns deles ser extremamente semelhantes ao nosso e outros de uma diferença inimaginável.

Hawking, um grande colaborador da Teoria das Cordas, procura, como diz o próprio título de sua publicação, uma explicação elegante – em termos de Física, quer dizer, simples – para a chamada "inflação eterna do universo".

Na publicação, Hawking insiste em sua genial interpretação a respeito de um "antes do Big-Bang" ao reprisar que nada tem sentido antes do Big-Bang. Nem mesmo falar em antes, porque o tempo que nos permite falar em antes ou depois, assim como o espaço, passaram a existir após o Big-Bang. Ali se criou o grande e crescente molusco da Relatividade Geral.

Restaria explicar por que a expansão do universo, perfeitamente compreensível logo após a grande explosão, ainda não cessou.

Sabemos que no momento do grande estrondo, todo o universo estava comprimido numa singularidade. Um ponto, contendo toda a matéria e energia que existem. Nos primeiros microssegundos seguintes à explosão o universo teve sua maior fase de crescimento – uma hiperinflação – e sua temperatura era altíssima.

Passados, agora, 13,8 bilhões de anos, seria de esperar que a expansão cessasse e, quem sabe, uma contração tivesse início.

Como já examinamos, tal não ocorreu.

Hawking explica a expansão substituindo átomos por cordas e visualizando o universo como um oceano inflável.

Imagina que após a explosão nosso universo perceptível foi se expandindo como um balão. Mas, nada impede que em outras regiões, outros balões, outros universos pudessem ter surgido, o que é, segundo Hawking, extremamente provável.

Não há como deixar de lembrar a ponderação de Einstein ao entender a Física como uma aventura do pensamento.

Para muitos universos paralelos, segundo Hawking, deve existir uma Física muito semelhante ou igual à nossa e, talvez, seres como nós e, também, como mencionamos, outros, completamente diferentes.

É claro que não conseguimos, mesmo pensando em objetos comuns, imaginar sólidos, elementos de 3 dimensões, paralelos.

Podemos imaginar e visualizar planos, entes bidimensionais, paralelos. Se o leitor está sentado, com o livro apoiado numa mesa, o tampo da mesa e o forro são paralelos. Isso significa que podemos estendê-los ao infinito, sem que jamais se toquem.

Se coloco duas caixas, uma ao lado da outra, é impossível aumentá-las em todo o sentido, sem que se toquem. Não dispomos para exemplo e nem podemos imaginar sólidos paralelos, muito menos universos paralelos.

Mas, é extremamente provável que existam.

Poderá haver uma comprovação física? Sim, e essa é a grande esperança, mas não sei quanto deveremos esperar para que se concretize.

Trata-se do seguinte: estará confirmada a existência de universos paralelos quando pudermos captar ondas gravitacionais específicas provenientes deles. Semelhante ao caso da captação da Radiação Cósmica de Fundo que chancelou o Big-Bang.

Não sei quanto tempo devemos esperar. As ondas gravitacionais provenientes da colisão de buracos negros, previstas por Einstein, só foram captadas em 2015.

O equipamento hoje disponível ainda não capta as ondas previstas por Hawking, mas, estando correta sua teoria, é uma questão de tempo.

Voltemos a Helena e Quanta.

A continuidade da observação da vibração das cordas permitia observar o surgimento de alguns corpúsculos.

– Já entendi – disse Helena. – Aqueles corpúsculos são as subpartículas atômicas. A partir daí, teremos a matéria e todas as suas características. É maravilhoso que se possa ver nessa dimensão, uma vez que, em termos de meu mundo real, numa comparação aproximada, se um átomo invisível fosse do tamanho do sistema solar, uma supercorda – esses filetes eletromagnéticos que estamos vendo vibrar – seria do tamanho de uma árvore de porte médio.

– Podemos pensar – disse Quanta – que como tudo o que existe resulta da vibração desses "filetes eletromagnéticos" que são luz, que o "faça-se a luz" pode ser um começo mais do que metafórico. A sinfonia cósmica, referida por tantos poetas, seria uma sinfonia de luz. É claro que estou fazendo uma metáfora, no sentido de usar sinfonia como harmonia, pois sabemos que luz não produz som.

– Sinto-me realizada, amiga Quanta. Mais uma vez, obrigadíssima por me permitires ver o que eu não podia nem mesmo imaginar.

– Mereceste, por tua sintonia com o conhecimento, Helena. Mas vamos dar uma volta pela sala, pois agora quero te mostrar algumas figuras de homenageados.

Pela sala encontraram quadros com fotos dos grandes avatares da ciência, com pequenos históricos de cada um.

De repente, Helena se surpreende:

– Por que, ao lado do nicho em que está o quadro de Susskind colocaram aquela garrafa de Jack Daniels?

– Uma forma de denunciar os preconceitos vigentes na ciência e que frequentemente são enfrentados pelo novo. Um libelo contra o ranço e a acomodação acadêmica.

– Lembra – continuou Quanta – o relato de Susskind ao narrar o ocorrido quando pela primeira vez apresentou sua Teoria das Cordas a seus colegas de universidade? Ele conta que as críticas recebidas foram tão contundentes, dizendo entre outras coisas que "aquilo" que ele apresentava jamais poderia ser considerado um trabalho científico, que a primeira grande consequência vivida por ele, após receber as opiniões de seus colegas, fora um prolongado encontro com "Jack Daniels".

– Pois é – falou Helena, entusiasmada. – Lamentavelmente esse preconceito, muitas vezes chamado eufemisticamente de paradigma, ainda existe. Principalmente quando se trata de buscar um significado para a consciência. Mas, deixamos para lá.

Já era tarde, no universo de Helena, e ela deveria retornar. Pensava no significado daquele universo intemporal.

Assombrava-se com o último trabalho de Hawking, ao lembrar de sua extremamente avançada posição – uma irreverência em relação a tudo o que há de ortodoxo –, entendendo que "a base do Universo não é o que vemos, mas um conjunto de informações que estariam contidas numa esfera imaginária".

O universo, segundo Wheeler, se parece mais com um pensamento do que com uma grande máquina; tem como base um conjunto de informações. O universo é uma gigantesca rede de informações.

Podemos verificar a concordância do pensamento de Wheeler e Hawking, manifesta no comportamento das partículas que, sob o enfoque quântico, deixam de ter propriedades individuais, e até mesmo de existir isoladamente e passam a ser consideradas e descritas, em função de sua relação com outras, vale dizer que as propriedades se manifestam como inter-relacionais.

Acrescente-se a consciência a isso tudo, e temos uma realidade que, de largo, excede a ficção.

Preocupada em ampliar ou não sua dissertação, já que uma troca mais radical se tornara impossível, até em função dos prazos já estabelecidos, Helena perguntou a Quântica o que, segundo ela, seria possível fazer. Começava a pensar que o dito na dissertação poderia ser muito mais rico e instigante.

Quanta então lhe disse:

— Já que entendemos um universo estranho, até mesmo bizarro, vamos criar um evento especial. Faz o seguinte: entrega teu trabalho normal e escreve outro para ti, que terá a mesma capa e leva-o para o dia da apresentação. Vamos trabalhar com base na "expectativa do fato cria o fato" com algum aporte extra que surgirá no momento adequado.

— Como? — Perguntou Helena. — Não estou entendendo bem. Envio o trabalho original para o orientador, mais as cópias solicitadas para os componentes da banca e faço um modelo ampliado, com alguns dos temas "incômodos" só para mim? Levo o meu para o momento da apresentação? Mas ele conterá tópicos diferentes dos correspondentes aos trabalhos em posse dos examinadores. Haverá discrepâncias...

— Aqui entra um pouco de fé; afinal, já viste muito que te surpreendeu, Helena. Acho que tudo correrá bem.

De volta, Helena se sentia como se tivesse acordado.

Teria, neste momento da volta, acordado ou adormecido novamente na bolha de realidade objetiva em que habita?

Poeta chinês: Sonhei, durante a noite, que era uma borboleta. Meu sonho foi tão vívido, tão real, que, no momento, não sei se sou um homem que sonhou que era uma borboleta, ou uma borboleta que agora está sonhando que é um homem. Talvez Helena tenha pensado em algo do gênero.

Entendia, entretanto, e muito claramente, que seu foco agora tinha que ser exclusivo: a dissertação e como a emoção não contrariava a razão, decidiu seguir as instruções de Quanta.

A DISSERTAÇÃO

—Professor Doutor,...
Seguem-se as saudações e agradecimentos de praxe.

Concluídas essas formalidades, Helena olha para o trabalho impresso que tem sobre a classe, diante da qual se dirige à banca. Por uma fração de segundos, lembra, mais intensamente, o que nunca esquecera. A diferença de conteúdo entre o trabalho que tem em mãos e os exemplares de posse dos componentes da banca.

Vai continuar.

De repente, uma estranha atmosfera invade a sala.

Os trabalhos em poder dos componentes da banca parecem sofrer uma pequena variação de temperatura e crescimento de volume.

Os examinadores se olham um pouco intrigados, mas acreditam ser inconveniente relatarem, uns para os outros, aquela percepção mínima, até porque não era hora de nada que pudesse evocar algum tipo de parafenômeno.

Na verdade, por um processo especial de teletransporte, todas as folhas a mais, bem como todas as modificações do trabalho de Helena passaram a estar contidas, na ordem correta, nos exemplares em poder da banca.

Esse foi o primeiro pensamento de Helena sobre a possível reação da banca.

Mas, o fenômeno era mais complexo e, num encontro futuro, de entendimento retroativo ao presente, Quanta explicou:

– Lembra, Helena, que o colapso da função de onda cria o histórico a ele necessário, tornando o passado adequado à escolha feita.

– Conseguimos, por algum tempo, uma intersecção entre nossos universos. Não havia somente o *worm-hole*, e sim um conjunto pertencente aos dois universos ao mesmo tempo.

– Teu trabalho, em termos desses universos, existia como função de onda. Quando, a partir do começo da tua leitura, ocorreu o colapso, nos termos do trabalho que tinhas em mãos, os outros se modificaram e, com isso, também se modificou a história deles.

– O trabalho estava com os examinadores e não estava. O teu, particular, estava em estado de superposição com o outro tipo, o primitivamente entregue, naquela possibilidade.

– Os examinadores leram e não leram o primitivo – vou chamar assim aquele que foi potencialmente entregue – e o definitivo e não leram nenhum e leram os dois. A história seria definida no colapso.

– Conseguimos, a partir da superposição, colapsar o trabalho que tinhas em mãos e desejavas apresentar. Quando isso ocorreu, criou-se a história pertinente, quer dizer, todos passaram a ter e ler o trabalho que querias, retornando esse ter ao momento em que receberam os originais.

– Faz uma estátua para John Wheeler.

Nas palavras-chave da dissertação, figuravam termos como *consciência* – breves especulações sobre sua natureza; *realidade*; *presente estendido*; *como e por quê*...

Alguns já figuravam nos exemplares em sua forma primitiva; outros seriam novidade, mas deixaram de sê-lo, na mudança do passado, a partir da definição da possibilidade. Agora havia um e somente um trabalho.

Não fosse esse fenômeno, comum no universo quântico e manifesto no de Helena por ocasião da intersecção conseguida, e os examinadores apontariam significativas diferenças entre o que receberam para examinar e o que a mestranda estava apresentando.

Mas, sem dúvida, havia uma estranheza no ar. Um desconforto para alguns componentes da banca, adeptos de Copenhagen, vislumbrando a defesa da busca de causas, com o que alguns não concordavam, pelo menos em termos amplos, mas de que tinham, na nova história criada a partir do colapso programado, pleno conhecimento.

Parecia ter surgido uma curiosidade inexplicável, e essa se manifestou a tal ponto que o orientador, que adorava falar mais do que o candidato, apaixonado por seus argumentos e voz, para espanto geral, premido por algo que todos sentiam sem saber explicar, disse:
– Fica à vontade, Helena. Queremos te ouvir. Temos tempo.
Helena começou. Alguém se mexe, evidenciando alguma inconformidade, mudando de posição em sua cadeira. Era a professora doutora Alba Ancienne que postulava frequentemente a exclusão do termo consciência nos trabalhos acadêmicos, sob o pretexto de que não se deve utilizar termos cujo alcance se desconhece.

Andrés, doutorando em Física Teórica, sentia algo de novo no ar. Um sexto sentido, presente na intuição dos grandes gênios da Física, parecia indicar-lhe que havia vivido uma experiência única no gênero, em seu universo. Estava emocionado, vivenciando uma espécie de ampliação de consciência.

O ambiente modificava sua esfera vibracional; havia algo sutil unindo as mentes dos presentes, em número razoável, na sala de apresentações.

Parecia haver um clima diferente, uma expectativa inusitada, decorrente de uma sentida, mas não percebida, estranha intersecção com outras esferas.

Helena começa:
– Meu trabalho não tem a pretensão da abarcar todos os enigmas da Física, mas é um convite a não os ignorar.
No primeiro capítulo...
Helena continua. Horizontes se alargam, a volição do saber se expande.
Helena prossegue:
– Nesse momento, a Estrela S_2 continua seu bailado cósmico em torno do grande buraco negro, o Sagitário A, que habita o centro da nossa galáxia.
– O grande molusco poderá ser visto encurvando-se em torno do buraco negro e esticando o comprimento de onda da luz para o vermelho.

— S_2, a fantástica bailarina cósmica, exibe seu momento de talento máximo a cada 18 anos, quando passa mais perto do buraco negro, a uma distância 120 vezes maior do que a da Terra ao Sol, alcançando em seus passos a velocidade de 8.000km/s (quilômetros por segundo).

— Tudo isso acontece a 26.000 anos-luz de distância da Terra, o que quer dizer que já aconteceu. Ou está acontecendo? Depende de nosso referencial.

— Em termos de tempo terrestre, estamos observando um evento cósmico ocorrido há "apenas 26.000 anos" naquela região. Essa observação nos permite confirmar agora uma teoria que, em nosso planeta, foi enunciada há somente 103 anos. É possível pensar num tempo fixo?

— Quero me apoiar em Aristóteles quando afirmou: "Aquilo que é chamado sabedoria lida com as causas primárias e o princípio das coisas".

— Nesse diapasão, entendo que, buscando a verdade do universo, à Física não basta dizer como as coisas funcionam. Essa posição aparentemente confortável, defendida por Bohr, precisa ser complementada pela exigência de Einstein em buscar por que as coisas funcionam.

— Seria o caminho para a metafórica leitura da mente de Deus.

Helena olha para um lado e vê duas figuras conhecidas e fundamentais em sua vida: uma delas, mais próxima, Quantalice, sorri e faz um sinal de positivo. A experiência da superposição, seguida do colapso programado, fora um êxito.

A outra amiga, Relativice, é vista na festa em que Helena comemora sua aprovação com louvor.

Relativice está no futuro?

Seria melhor dizer num possível futuro que talvez Helena logre colapsar com sua apresentação.

Helena continua:

— Como vimos e entendo, a dificuldade em alterar, ou mesmo ampliar, os velhos paradigmas, sempre foi um obstáculo à aceitação do novo, persistindo, mesmo após a apresentação de um apreciável elenco de provas.

– Conheço esse risco, mas resolvi enfrentá-lo.

– E, sendo assim, pergunto...

Helena continua, a vida continua, a busca do conhecimento é incessante.

– Parabéns, Helena – pensou Quanta –, o que foi captado mentalmente pela mestranda. "Estás proporcionando, neste aqui e agora da tua sala, uma festa de pensamento. Um banquete de ideias de conteúdo mais do que precioso."

E Helena continua... como a vida continua... como o universo continua... como nós continuamos, numa expectativa de futuros encontros.

Obrigado, Helena... Certamente, nos veremos outras vezes.

REFERÊNCIAS

ARNTZ, William; CHASSE, Betsy; VICENTE, Mark. *Quem somos nós?* Rio de Janeiro: Prestígio Editorial, 2007.
BARTHES, Roland. *A aula*. S. Paulo: Ed Cultrix, 2007.
BEISER, Arthur. *The mainstream of Physics*. Addison Wesley Publishing Company, 1962.
_____. *Basic concepts of Physics*. Addison Wesley Publishing Company, Inc., 1972.
EINSTEIN, Albert; INFELD, Leopold. *A evolução da Física*. Rio de Janeiro: Zahar, 1980.
FRISH, S.; TIMOREVA, A. *Curso de Fisica general*. Moscou: Editorial Mir, 1968.
GOSWAMI, Amit. *O Universo autoconsciente*. Rio de Janeiro: Editora Rosa dos Tempos, 1998.
HAWKING, Stephen. *O Universo numa casca de noz*. Editora ARX, 2002.
ISAACSON, Walter. *Einstein-his life and universe*. Simon & Schuster, 2007.
LIMA, Moacir Costa de Araújo. *Corta a corda*. Porto Alegre: AGE, 2016.
_____. *Quântica: espiritualidade e saúde*. Porto Alegre: AGE, 2013.
_____. *Quântica: espiritualidade e sucesso*. 3.ed. Porto Alegre: AGE, 2011.
_____. *Quântica: o caminho da felicidade*. Porto Alegre: AGE, 2011.
MLODINOW, Leonid. *O andar do bêbado*. Rio de Janeiro: Zahar, 2009.
OREAR, Jay. *Física*. Rio de Janeiro: Livros Técnicos e Científicos Editora Ltda., 1971.
ROSEMBLUM, Bruce; KUTTNER, Fred. *O enigma quântico*. Rio de Janeiro: Zahar, 2017.
ROVELLI, Carlo. *A realidade não é o que parece*. Rio de Janeiro: Editora Schwarcz, S.A., 2017.
WHEATLEY, Margareth J. *Liderança e a nova ciência*. S. Paulo: Cultrix, 2009.